最新版

12歳からはじめる

ゼロからの C言語

Visual Studio Community 2019 対応
Windows 8.1／10 対応

ゲームプログラミング教室

リブロワークス 著

JN094520

Rutles

本書は 2016 年に刊行した『12 歳からはじめる ゼロからの C 言語 ゲームプログラミング教室』を、最新の開発
環境に基づいて改訂したものです。

☆ Visual Studio のご利用方法について

本書で使用するプログラミングツール「Microsoft Visual Studio Community 2019」は、インターネット
からインストールしてご利用になれます。詳細は P.13 以降をご覧下さい。

☆ サンプルファイルのご利用方法について

本書で使用するサンプルプログラム、ツール等はラトルズの Web サイトよりダウンロードしてご利用にな
れます。詳細は P.7 以降をご覧ください。

☆ 免責事項について

サンプルプログラムの運用や、本書の記述によって万が一損害が生じた場合でも、著者、発行者、ならびにソフ
トウェア開発者はその責を負いません。お客様の責任とリスクの範囲内でご利用くださいますようお願いい
たします。

本書に記載されている内容は、初版執筆時の情報に基づいています。執筆後に更新された情報やソフトウェ
アのバージョンアップなどには対応しない場合がありますので、あらかじめご了承下さい。

☆ 内容のお問い合わせについて

- 誤字脱字およびミスプリントのご指摘は、当社 Web サイト (http://www.rutles.net/) の「ご質問・ご
  意見はこちら」をクリックし、ご利用下さい。電話・電子メール・FAX 等でのお問い合わせは一切受け
  付けておりません。
- 本書をよく読めばわかることや、内容と関係のないご質問（「○○はどこに書いてあるのか」「パソコンや
  ソフトが不安定（動かない）なのはなぜか」「ソフトの使い方が分からない」「こんなテクニックを教えて
  欲しい」など）にはお答えしませんので、あらかじめご了承下さい。
- 本書の内容についての文責は（株）ラトルズにあります。本書記載事項について、各ハードウェアおよび
  ソフトウェア開発元へのお問い合わせはご遠慮ください。

Microsoft、Visual Studio、Windows は、Microsoft Corporation の米国およびその他の国における商標または登
録商標です。
その他、本書に掲載した会社名、製品名、ソフト名などは、一般に各メーカーの商標または登録商標です。
書籍の中での呼称は、通称やそのほかの名称で記述する場合がありますが、ご了承ください。

- はじめに -

　C 言語は、OS からゲームまで、特に「速度を要求するジャンル」で幅広く使われている人気の高いプログラミング言語です。はじめて覚えるプログラミング言語に C 言語を選ぶ人も多く、学校の教材に選ばれることもあります。

　ただし、C 言語を勉強するにあたって 1 つ問題があります。それは、かなり学習が進まないと、画像を表示したり音楽を再生したりといった派手なことができない点です。C 言語の学習がひととおり終わってから、場合によっては C 言語の拡張版の C++（シープラスプラス）も勉強し、Windows や Mac などの OS 用のプログラムの書き方を学んで、それからようやく派手なことができるようになるのです。

　ですから C 言語の入門書は、文章の説明を読んで、プログラムを入力して、結果も文字で表示されるという、最初から最後まで文字ばかりです。地味だと興味を持ち続けるのもつらいのですが、基礎を飛ばして派手なことをしようとするとたいてい挫折します。

　そこで本書では、簡単なプログラムでちょっと派手なことができる学習支援ツール「グラフィカルコンソール」を用意しました。
　たとえば画像を表示したいときは、次のように 1 行書くだけで OK です。

```
gimage(" 画像ファイル名 ", 横位置 , 縦位置 );
```

　このツールのおかげで、本書のサンプルプログラムは「ロールプレイングゲーム」や「恋愛シミュレーションゲーム」といった楽しそうなミニゲームになっています。でも、解説内容は一般的な C 言語の入門書と同じ範囲を押さえているので、楽しんで基礎を学ぶことができます。タイトルどおり「ゼロから」学びたい人におすすめできる 1 冊です。

　今回の改訂では開発環境を Visual Studio Community 2019 に更新し、最新環境でC 言語に取り組む方も入門しやすくなりしました。

　最後に、二度目の改訂の機会を与えていただいたラトルズさま、かわいらしいキャラクターのイラストを描いていただいた雪印さま、その他、本書の制作にご協力いただいた皆さまに心より感謝申し上げます。

2020年7月
リブロワークス

Chapter 1 Cをはじめよう
〜プログラムを作るための準備〜

Chapter 2 まずは簡単なことからやってみよう
〜変数と計算〜

サンプルファイルのダウンロード

ラトルズのサポートページ (http://www.rutles.net/download/506/index.html) からサンプルファイルをダウンロードできます。ZIP形式で圧縮されているので、解凍ソフトを使って解凍してください。Windowsの「圧縮フォルダ機能」で解凍する場合は、ZIPファイルを右クリックして〈すべて展開〉を選択します。

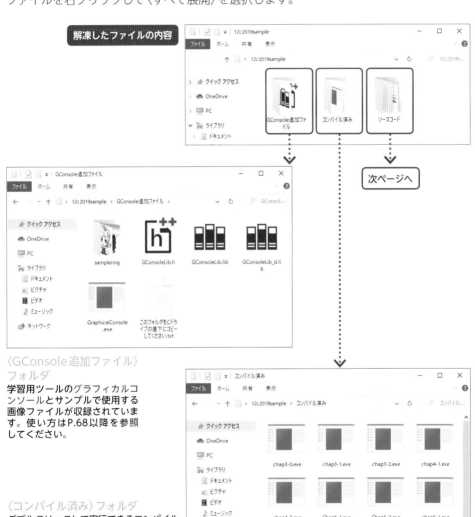

解凍したファイルの内容

〈GConsole追加ファイル〉
フォルダ
学習用ツールのグラフィカルコンソールとサンプルで使用する画像ファイルが収録されています。使い方はP.68以降を参照してください。

〈コンパイル済み〉フォルダ
ダブルクリックして実行できるコンパイル済みの実行ファイルが収録されています。動作確認に利用してください。
実行するには、先にP.68以降の説明にしたがって画像ファイルを所定の位置に保存し、グラフィカルコンソールを起動しておく必要があります。

次ページへ

Intro

〈ソースコード〉フォルダ

3章以降のサンプルプログラムのソースコードが収録されています。Visual Studio Community 2019をインストールした後（P.12参照）、フォルダ内のソリューションファイル（拡張子.sln）をダブルクリックすると開くことができます。

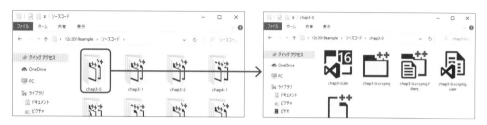

この本の登場人物は、『14歳からはじめる C言語わくわくゲームプログラミング教室 Visual Studio 2013編』の登場人物の妹です。

お姉さんたちが部活でゲームを作っているのを見て、自分たちもC言語でゲームを作ることにしたのですが……。

小野塚ありす
椎現護中学1年

しっかり者の明るいリーダー。カリスマ的な人気があり、中1にしてなんと生徒会長。「ゲームを作りたい」というしずくを応援するために友だちを集めた。

東堂しずく
椎現護中学1年

おとなしくて真面目な性格。考え過ぎてパニックになることも。読書とノベルゲームが好き。兄と姉の影響でゲーム作りを始めた。

伏見くるみ
椎現護中学1年

マイペースでついつい妄想にふけりがち。大好きな漫画に出てくる「ヴァンスハート様」にあこがれている。

明月院るりり
椎現護中学1年

ちょっと高飛車なところはあるが、内心はさみしがり屋。みんなと一緒にいたいのでゲーム作りに参加した。

Cをはじめよう
~プログラムを作るための準備~

C言語は50年近く現役を続けている歴史の長いプログラム言語です。その元気の秘密はどこにあるのか？というところから、本書の解説を始めます。それが終わったら、さっそく「Visual Studio Community 2019」をインストールしてプログラミングを始めましょう。

プログラミングとC言語

コンピュータの世界にはいろいろなプログラミング言語があります。C言語は他のプログラムと比べて何が優れているのでしょうか？　そして劣っている点もあるのでしょうか？

☆ C言語ってどんなもの？

　みなさんは「C言語を覚えたい」と思ってこの本を手に取られたわけですから、C言語について何となくのイメージはあると思います。でも念のために、C言語はどんなものかという説明からはじめましょう。

　C言語は、パソコンなどのコンピュータを動かすためのプログラミング言語です。コンピュータの頭脳はCPUという部品で、これを動かすプログラムはマシン語と呼ばれる数値だけで書かれたものなのですが、マシン語を書くのはコンピュータの専門家でもさすがに大変です。そこで、人間が理解しやすい英単語などを使ったプログラムを組むための言葉が作られました。それがプログラミング言語であり、C言語もそのひとつです。

　C言語が誕生したのは1970年代。それが今でも使われています。日進月歩で変化するコンピュータの世界で、何十年も現役を続けているというのはとてもすごいことです。しかも、C言語を使うプログラマの人口は世界でも1、2位を争うほど多いのです。

　C言語がそれほど長く多くの人に使われているのは、次の2つの理由からです。

☆ C言語は速いプログラムが書ける！

　人間が理解できるプログラミング言語をコンピュータで実行する方法は、大きく分けて2とおりあります。

❶コンパイラ方式

　人間がプログラミング言語で書いたプログラムを、コンパイラ (Compiler) というプ

ログラムを使ってマシン語に翻訳し、できあがったマシン語のプログラムを実行します。人間が書いたプログラムを**ソースコード (Source Code)**、コンパイルして作られたマシン語のプログラムを**実行ファイル (Executable File)** と呼びます。

❷インタープリタ方式

ソースコードの形でそのまま配布し、実行するときに**インタープリタ (Interpreter)** というプログラムが1行ずつソースコードを解読して仕事を行います。

C言語は速さがウリですからコンパイラ方式です。**ブレーキなしでCPUの性能を限界まで引き出します**。その速さのおかげで、OS、アプリケーション、ゲームなどの速く動かないと困るプログラムの開発に使われています。

☆ C言語はライブラリで拡張できる

C言語の本体はものすごくシンプルな作りになっていて、それだけでは引き算・足し算などの簡単な計算ぐらいしかできません。

その代わり、C言語は**ライブラリ (Library)** を取り込んで、**命令を増やす**ことができます。たとえば、Windows用ライブラリを取り込めばWindows上で動くプログラムを作ることができます。また、MacOS用ライブラリを取り込めばMacOS上で動くプログラムを作ることができます。その他にも3Dゲーム用ライブラリや、スマートフォン用ライブラリなどがあるので、それらをどんどん取り込めば、どんなプログラムでも作れます。

1-2

プログラムを作るための環境を整えよう

C 言語でプログラムを開発するには、その OS 用のコンパイラなどが必要です。マイクロソフトが無料提供している Visual Studio Community 2019 をインストールして、プログラミングの準備をしましょう。

☆ コンパイラと統合開発環境

C 言語のプログラムを作るには、次の 3 つのものが必要です。

❶ソースコードを書くためのツール
❷C 言語 のソースコードを実行ファイルに変換するコンパイラ
❸プログラムを動かしてテストする環境

❸のテスト環境は、スマートフォンや家庭用ゲーム機用のプログラムを作る場合は別に用意しなければいけませんが、本書で作るのは Windows 用プログラムなのですでにそろっています。入手が必要なのは、❶の**ソースコードを書くツール**と❷の**コンパイラ**です。

Windows 用の C ／ C++ コンパイラには、GNU C++ コンパイラ、インテル社の Intel C++ コンパイラなどいろいろあります。しかし、もっともよく使われているのは、マイクロソフト社の **Visual C++ コンパイラ**です。Visual C++ コンパイラは、ソースコードエディタなどがセットになった統合開発環境の **Visual Studio** として販売されています。

本書では、Visual Studio から一部の機能を削った無料版の **Visual Studio Community 2019**（以降 **VSC2019** と省略）を使用しています。必要なものはすべて入っているので、これさえインストールすればすぐに Windows 用プログラムを作り始められます。

☆ VSC2019 のインストールの準備

VSC2019 をインストールするには、Microsoft アカウントでサインインが必要です。Windows を使い始めるときに Microsoft アカウントを作っていた人はすぐにサインイン

できますが、ない人はまずMicrosoftアカウントを作らなくてはいけません。Webブラウザで次のURLを入力しましょう。

https://www.visualstudio.com/ja/dev-essentials/

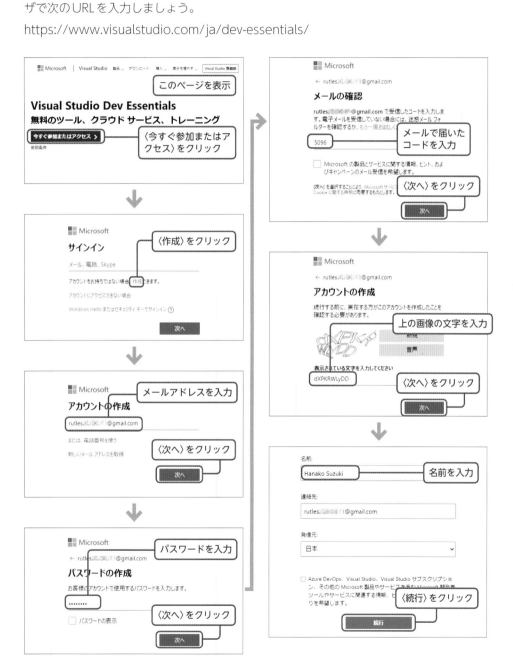

※本の出版から何年か経つと、上記のURLが変わってしまう可能性があります。その場合はP.7で紹介しているサンプルダウンロードページでお知らせするので、そちらで確認してください。

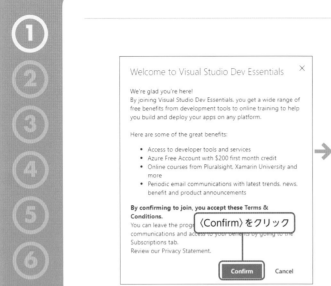

〈Downloads〉をクリック

〈Confirm〉をクリック

☆ VSC2019 のインストール

　Microsoftアカウントが作れたら、VSC2019をインストールしましょう。VSC2019
のインストーラを検索し、日本語を選択してダウンロード、実行します。

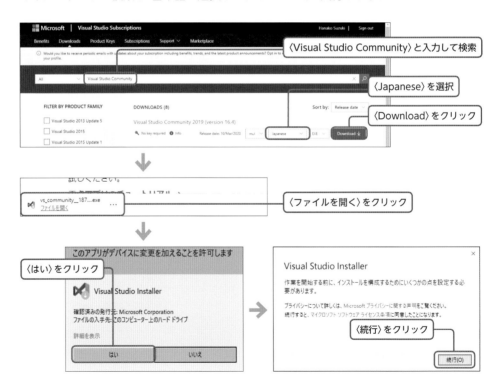

〈Visual Studio Community〉と入力して検索

〈Japanese〉を選択

〈Download〉をクリック

〈ファイルを開く〉をクリック

〈はい〉をクリック

〈続行〉をクリック

☆ C言語の開発機能のインストール

いよいよ最後のステップです。VSC2019はいろいろなプログラミング言語で開発できるので、VSC2019のインストール後に言語を選択して開発機能をインストールする形になっています。C言語の開発機能を選んでインストールしましょう。インストール完了後、再起動のメッセージが表示されたらコンピュータを再起動しておきます。

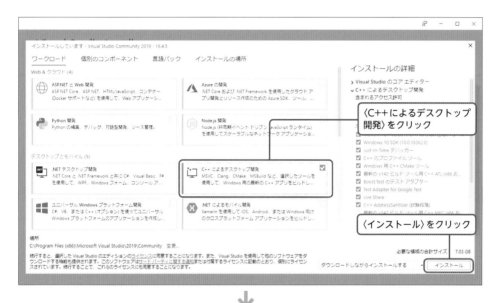

〈C++によるデスクトップ開発〉をクリック

〈インストール〉をクリック

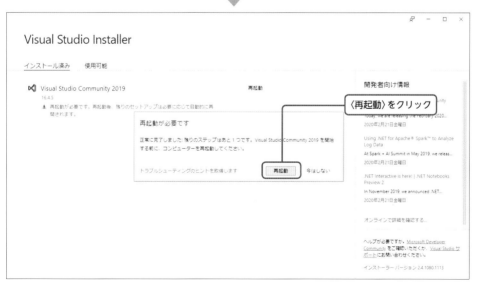

〈再起動〉をクリック

1-2

プログラムを作るための環境を整えよう

隠されている拡張子を表示するには

ファイルには「C言語ソースコードファイル」「MP3音楽ファイル」「JPEG画像ファイル」「実行ファイル」などさまざまな種類があります。そのファイルの種類を簡単に見分けるために、ファイルには**拡張子**という記号が付けられています。「JPEG画像ファイルなら.jpg」「実行ファイルなら.exe」といった具合です。拡張子はファイル名の末尾に付いていますが、Windowsによって隠されています。

通常の作業であれば拡張子が隠れていた方が都合いいのですが、プログラムを作る場合はファイルの種類を正確に知らなければいけません。拡張子を表示するには、フォルダウィンドウを表示して次のように操作します。

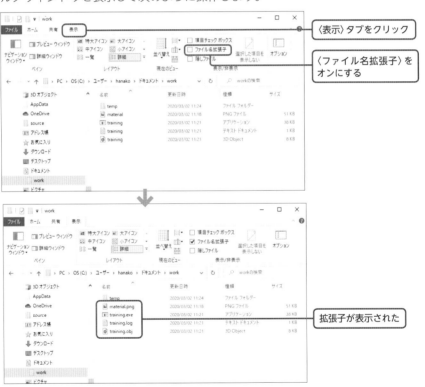

Chapter 2

まずは
簡単なことから
やってみよう

～変数と計算～

この章では、「画面に文字や数字を表示する」「計算する」「キーボードから入力する」という簡単なことを説明します。簡単そうですね。でも、本当に簡単なのでしょうか？　実はそこにはC言語の奥深いエッセンスがギッシリと詰まっているのです。

2-1

最初のプログラムを書いてみよう

まずはプログラムを作るためのツール VSC2019 の使い方を説明します。最初にプロジェクトを作成し、ソースコードファイルを新規作成して、簡単なメッセージを表示するプログラムを動かすところまでやってみましょう。

☆ VSC2019 の起動

インストールした VSC2019 を起動してみましょう。Windowsのスタートボタンをクリックして、〈Visual Studio 2019〉を選択します。初めて起動したときは、Microsoft アカウントでサインインする画面が表示されるので、サインインします。

〈サインイン〉をクリックして Microsoft アカウントでサインイン

〈Visual Studio の開始〉をクリック

起動直後のVSC2019の画面は次のようになっています。

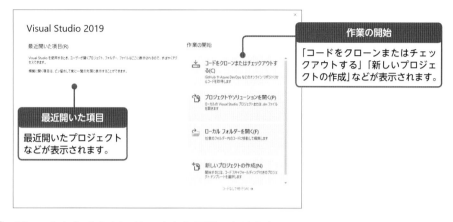

プロジェクトを作成すると、次のような画面になります。

画面は中央、左、右、下の4つのエリアで構成されており、それぞれに複数のウィンドウが
タブの形で格納されています。主に使用するのは右側のソリューションエクスプローラー、
中央のコードエディタ、下の出力ウィンドウの3つです。

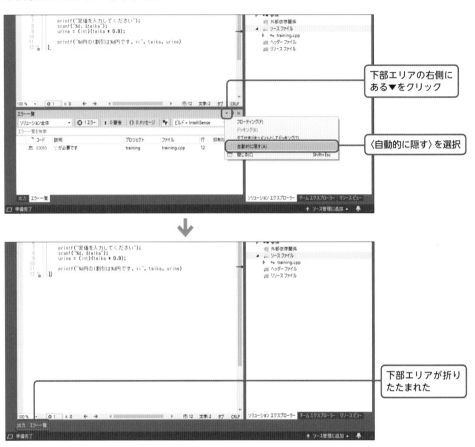

下部エリアのウィンドウはつねに表示させておく必要はないので、折りたたんでコードエディタの領域を広げましょう。折りたたまれたウィンドウはタブをクリックしたときだけ表示されるようになります。

> 下部エリアの右側にある▼をクリック

> 〈自動的に隠す〉を選択

> 下部エリアが折りたたまれた

☆ プロジェクトを作成する

VSC2019では、1つのプログラムごとに1つの**プロジェクト**を作成します。プロジェクトにはプログラムのソースコードのファイルや、コンパイラに与える設定などがまとめられます。ここでは「training」という名前のプロジェクトを作成します。

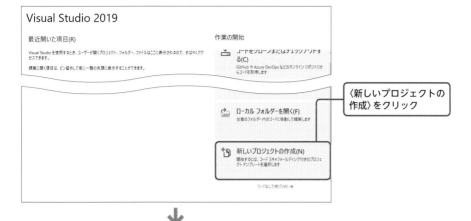

〈新しいプロジェクトの作成〉をクリック

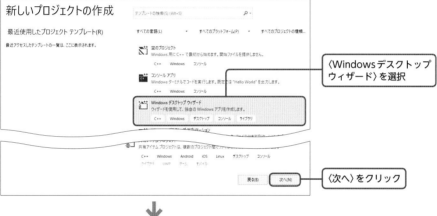

〈Windowsデスクトップウィザード〉を選択

〈次へ〉をクリック

2-1

最初のプログラムを書いてみよう

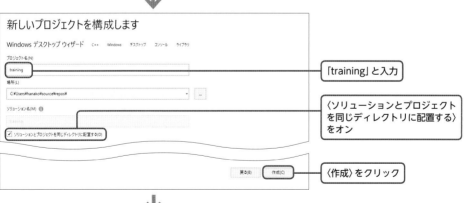

「training」と入力

〈ソリューションとプロジェクトを同じディレクトリに配置する〉をオン

〈作成〉をクリック

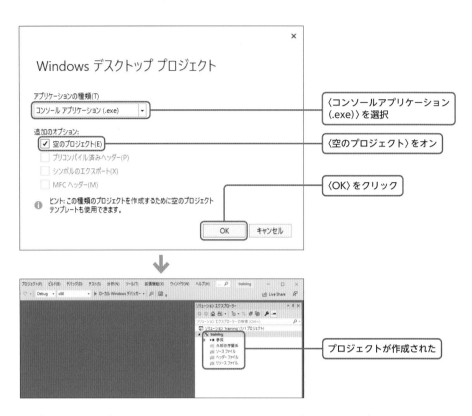

〈コンソールアプリケーション (.exe)〉を選択

〈空のプロジェクト〉をオン

〈OK〉をクリック

プロジェクトが作成された

　プロジェクトが作成されると、Windowsの〈ユーザー〉フォルダの中にある〈**ユーザー名¥source¥repos**〉フォルダの中に、プロジェクトと同じ名前のフォルダが作成されます。今作成した〈training〉プロジェクトのフォルダができていることを確認しましょう。〈training〉フォルダの中にはすでに「.sln」や「.vcxproj」などの拡張子を持つファイルが保存されていますが、これらにはプロジェクトを管理する情報が保存されているので、削除してはいけません。

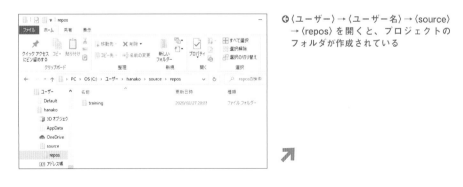

〈ユーザー〉→〈ユーザー名〉→〈source〉→〈repos〉を開くと、プロジェクトのフォルダが作成されている

まずは簡単なことからやってみよう ～変数と計算～

◑ プロジェクト作成時点で4種類のファ
　イルが保存されている

　次にソースコードを新規作成します。作成したソースコードのファイルも、プロジェク
トのフォルダに保存されます。

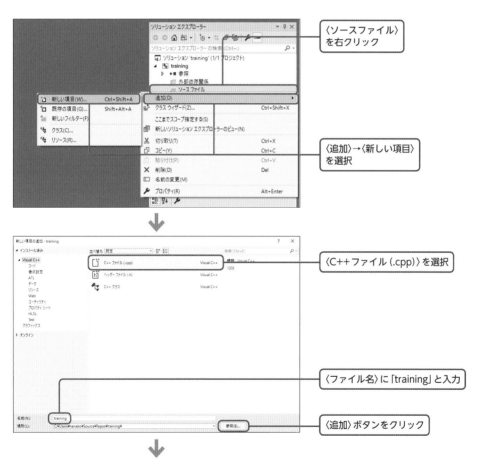

〈ソースファイル〉
を右クリック

〈追加〉→〈新しい項目〉
を選択

〈C++ファイル（.cpp）〉を選択

〈ファイル名〉に「training」と入力

〈追加〉ボタンをクリック

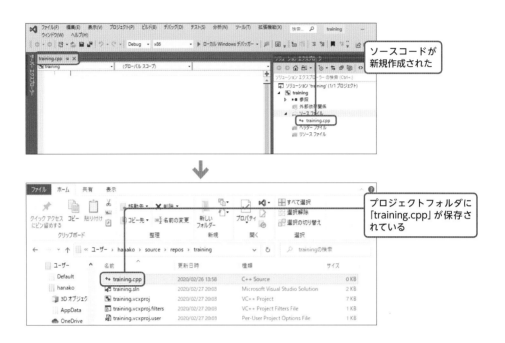

ソースコードが
新規作成された

プロジェクトフォルダに
「training.cpp」が保存さ
れている

✩ プロジェクトの設定を変更する

ソースコードを作成したら、プロジェクトの設定を変更しておきましょう。この設定は、本
書の練習用プログラムを作成するのに必要な設定です。

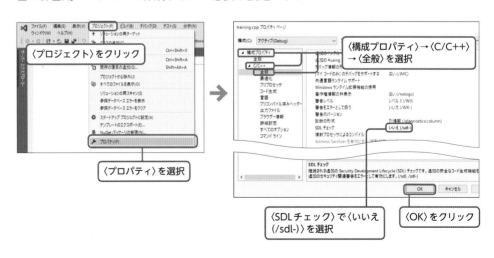

〈プロジェクト〉をクリック

〈プロパティ〉を選択

〈構成プロパティ〉→〈C/C++〉
→〈全般〉を選択

〈SDL チェック〉で〈いいえ
(/sdl-)〉を選択

〈OK〉をクリック

☆ ソースコードを入力する

　それでは次のソースコードを入力してみましょう。入力するときにまず注意してほしい
のは、MS-IMEなどの日本語入力システムをオフにして**半角モード**で入力しないといけな
いことです。C言語のソースコードには基本的に半角文字しか使えません。ひらがなや漢
字などの全角文字を入力していい場所は限られています。特に**全角スペースはうっかり入
力すると見つけにくい**ので注意してください。

```
001  #include <stdio.h>
002
003  int main() {
004      printf("Say Hello\n");
005  }
```

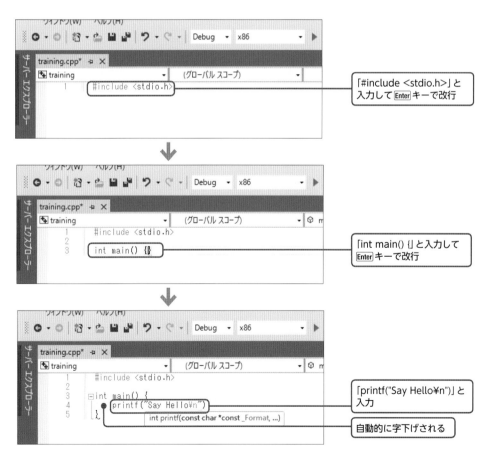

「#include <stdio.h>」と
入力して Enter キーで改行

「int main() {」と入力して
Enter キーで改行

「printf("Say Hello\n")」と
入力

自動的に字下げされる

最後に「;」を入力して完成

VSC2019には、ソースコードの入力を助ける機能がいくつか用意されています。「{」の後で改行すると自動的に字下げされるのもそのひとつです。字下げが不要な場合は Back space キーで削除し、もっと字下げしたい場合は Tab キーを押してタブ文字を挿入します。

また、入力中に黄色やグレーの**ツールチップ**が表示されることがあります。これは入力しているものに対するヒントなので、無視して入力を進めてかまいません。何が説明されているかは、もう少し学習が進めばだんだんわかってくると思います。

◎ ツールチップ

☆ ソースコードをコンパイルしてみよう

ソースコードをコンパイルして、プログラムを実行してみましょう。コンパイルから実行までを一気に行うには、〈デバッグ〉メニューから〈デバッグ開始〉を選択するか、〈デバッグなしで開始〉を選択します。〈デバッグ開始〉で実行すると結果を表示する**ウィンドウ**が一瞬で閉じられてしまうため、ここでは〈デバッグなしで開始〉を選択します。

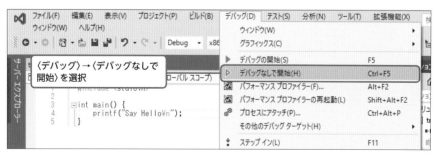

〈デバッグ〉→〈デバッグなしで開始〉を選択

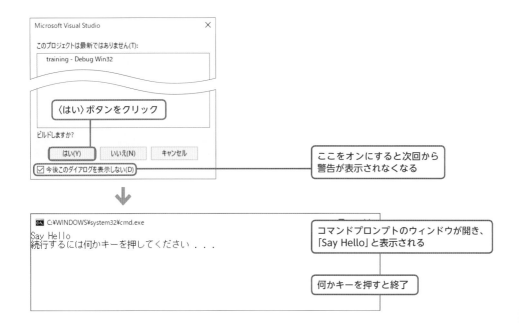

〈はい〉ボタンをクリック

ここをオンにすると次回から
警告が表示されなくなる

コマンドプロンプトのウィンドウが開き、
「Say Hello」と表示される

何かキーを押すと終了

プログラムの結果が表示されたウィンドウを**コマンドプロンプト**といいます。コマンドプロンプトでは、**コンソールアプリケーション**と呼ばれる種類のプログラムを動かすことができます。コンソールアプリケーションは自分のウィンドウを持たず、文字の命令を受け取って文字で結果を返します。本書で作るのはすべてコンソールアプリケーションです。

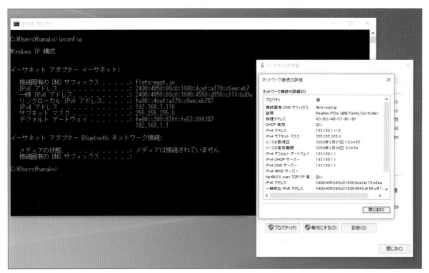

⬆ ネットワークのテストに使う「ipconfig」というプログラムの、コンソールアプリケーション版（左）とウィンドウアプリケーション版（右）。見た目も使い方もかなり違うが、同じ仕事ができる

ソースコードがコンパイルされて実行ファイルが作られるまでの流れは、下の図のように2段階に分かれています。

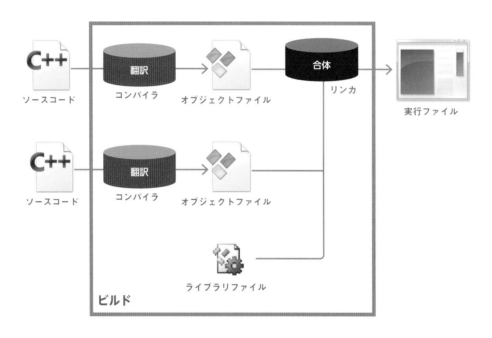

❶コンパイル

最初に**コンパイラ**が起動し、ソースコードを中間状態の**オブジェクトファイル**（拡張子.obj）に翻訳します。プロジェクト内に複数のソースコードがある場合は、それぞれがオブジェクトファイルに翻訳されます。

❷リンク

次に**リンカ**というプログラムが起動し、すべてのオブジェクトファイルと**ライブラリファイル**を合体して実行ファイルを作成します。

これらすべての作業をあわせて**ビルド**といいます。プログラムを実行せずにビルドだけ行いたい場合は、〈ビルド〉メニューから〈ソリューションのビルド〉や〈（プロジェクト名）のビルド〉を選択します。

コラム　プロジェクトとソリューション

　プロジェクトを作成したのに、「ソリューションエクスプローラー」に「ソリューション」と表示されるのはなぜだろうと不思議に思った人もいるかもしれませんね。**ソリューションは、プロジェクトよりもうひとつ上のグループです。**巨大なプログラムの場合、複数の実行ファイルやライブラリファイルでプログラムが構成されます。そういうものを作るときは、1つのソリューションの中に複数のプロジェクトを作成するのです。小さいプログラムなら1ソリューション＝1プロジェクトで十分です。

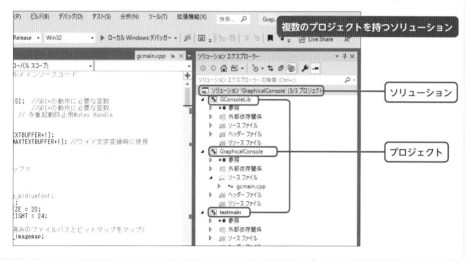

複数のプロジェクトを持つソリューション

☆ ビルドエラーが表示されたら

　ソースコード中に間違いがある場合は、「ビルドエラーが発生しました」というメッセージが表示され、〈エラー一覧〉ウィンドウに**エラー（Error）**の内容が表示されます。

❹ ビルド中にエラーが起きたら、〈いいえ〉をクリックして中止する

⊕〈エラー一覧〉ウィンドウにエラーの内容が表示される

〈エラー一覧〉ウィンドウに表示されるエラーには、コンパイラが見つけた**コンパイルエラー**と、リンカが見つけた**リンクエラー**の2種類があります。

❶コンパイルエラー

コンパイルエラーの場合、「ソースコードのファイル名」「行番号」の形でコンパイルに失敗した行が示され、**エラーメッセージをダブルクリックすると、問題がある行にジャンプできます**。後はその行のあたりを探していけばエラーの原因が見つかるはずです。

❷リンクエラー

リンクエラーはコンパイルしてオブジェクトファイルになった段階で見つかるので、ソースコードのどの行に問題があるかは表示されません。エラーメッセージを手がかりに問題を解決します。

たいていの場合、エラーの原因は入力ミスです。C言語では**アルファベットの大文字と小文字は別の文字として扱われる**ので、注意してください。「printf」と「Printf」、「printF」は別の意味になります。人間から見ると、大文字と小文字も全角と半角もたいした違いではありません。しかし、コンピュータにとってはまったく違うものです（P.42参照）。ソースコードはコンパイラというプログラムが読むものですから、プログラムの流儀に合わせて書かなければいけません。

〈エラー一覧〉ウィンドウには、エラーの他に**警告 (Warning)** が表示されることがあります。警告は完全な間違いではないが、**プログラム実行中に起きるトラブル（実行時エラー）の原因になりそうな部分がある**ことを示しています。警告があってもそのまま実行できますが、なるべく警告はすべて消したほうがいいでしょう。

＊よく起きるエラー

エラーメッセージ	原因	直し方
識別子が定義されていません	関数や変数の名前が間違っています。たとえば「printf」と入力しなければいけないのに「pritnf」と入力した場合などです。C言語では大文字小文字も区別するので注意しましょう。	エラー原因の行にジャンプして誤字を修正します。
ソースファイルを開けません	ヘッダファイル (P.33参照) の名前を間違えているか、コンパイラが見つけられる場所にヘッダファイルが保存されていません。	ヘッダファイル名を修正します。またはヘッダファイルの読み込みフォルダの指定を変更します。
;が必要です	行末に付ける「;(セミコロン)」を入力し忘れています。メッセージで示された行より前の場所にエラー原因がある場合があります。	エラー原因の行以前で「;」を付け忘れがないか確認します。
)が必要です	閉じ括弧が足りません。カッコを入れ子にしているときに起きやすいエラーです。	「)」が足りない場所を探して追加します。
認識されないトークンです	全角文字などが使われている場合に表示されます。全角スペースや全角数字・全角アルファベットなどは誤って入力しやすいので注意してください。	エラー原因の行にジャンプして全角文字を探します。
未解決の外部参照	他のソースコードやライブラリ内で定義されているはずの関数や変数が見つかりません。名前の間違いや、ライブラリの指定ミスなどが原因です。	エラーメッセージに表示された名前の関数や変数の定義をソースコードから探して誤りを修正します。またはプロジェクトのプロパティを開いて、依存ファイルの指定などを確認します。

☆ プロジェクトを閉じる／開く

　他のプロジェクトを開きたいときは、現在のソリューションを閉じてから、次の手順で目的のプロジェクトのソリューションファイル (拡張子.sln) を選択します。VSC2019では1ウィンドウで1つのソリューションしか開けません。同時に複数を開きたいときは、スタートメニューからVSC2019をもうひとつ起動して開いてください。

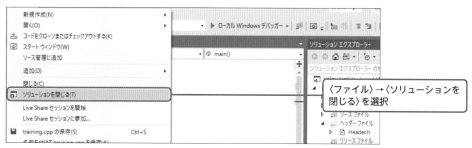

〈ファイル〉→〈ソリューションを閉じる〉を選択

2-1

最初のプログラムを書いてみよう

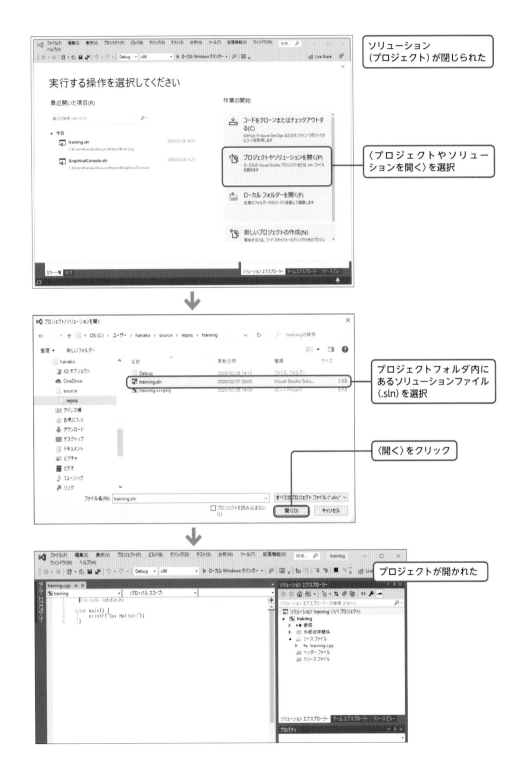

ソリューション
（プロジェクト）が閉じられた

〈プロジェクトやソリュー
ションを開く〉を選択

プロジェクトフォルダ内に
あるソリューションファイル
（.sln）を選択

〈開く〉をクリック

プロジェクトが開かれた

まずは簡単なことからやってみよう ～変数と計算～

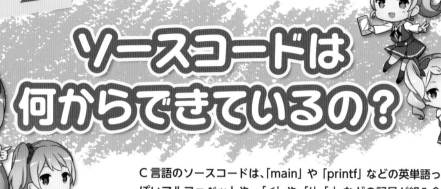

2-2 ソースコードは何からできているの？

C言語のソースコードは、「main」や「printf」などの英単語っぽいアルファベットや、「<」や「{」「;」などの記号が組み合わさってできています。もちろんそれぞれに意味と役割があります。ここではそのおおまかな意味を説明します。

☆ C言語のソースコードの基本形

さっき入力したC言語のソースコードを見てみましょう。空白行を除く4つの行は、それぞれが次のような意味を持ちます。

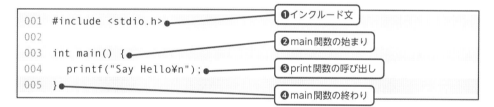

```
001  #include <stdio.h>          ❶インクルード文
002
003  int main() {                ❷main関数の始まり
004    printf("Say Hello¥n");     ❸print関数の呼び出し
005  }                           ❹main関数の終わり
```

❶インクルード文で命令を使えるようにする

最初の**インクルード文**は、標準ライブラリの命令を利用できるようにするためのものです。includeとは「含める」という意味の英語で、インクルード文は**ヘッダファイル**(Header File、拡張子.h) というものを取り込んで、他の人が作った命令などを利用できるようにします。ヘッダファイルにはさまざまな種類があり、自分で作ることもできますが、それはまた後で説明しましょう。

今、覚えておいて欲しいのは、これだけです。

• 4行目で使用している「printf」という命令を使うためには、stdio.hというヘッダファイルを取り込まなければいけない

stdioはStandard Input/Outputの略で、**標準入出力**という意味です。stdio.hには画面表示や入力を行う命令を使うために必要な情報が入っています。

「#include」のように先頭が#で始まる文を**プリプロセッサ命令**と呼びます。プリプロセッサ命令は**コンパイラに翻訳の仕方を指示する**特殊な命令です。

❷ソースコードはブロックに分けられている

3行目の「int main() {」は、main関数のブロックの始まりです。「{ }（中カッコまたはブレス）」は**ブロック（範囲）の始まりと終わり**を表します。このサンプルは単純なのでブロックは1つしかありませんが、普通C言語のソースコードは**複数のブロックを組み合わせて**書きます。私たちが日本語の文章を書くときも、だらだらと文を並べるだけでは読みにくいので、「章」とか「節（セクション）」とかに分割して、それぞれ「大見出し」や「小見出し」を付けたりしますが、それと同じことです。

「{」の前にある言葉が、見出しに当たります。「int main() {」なら「main関数の書き始め」を表しています。そして対応する「}」が「main関数の書き終わり」を表します。

＊C言語のソースコードはブロックを組み合わせて書く

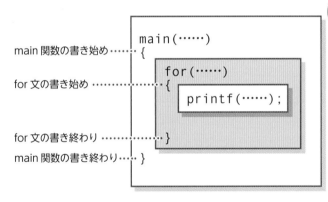

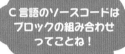
C言語のソースコードは ブロックの組み合わせ ってことね！

↑C言語のソースコードはブロックを組み合わせて書く

❸C言語の命令を「関数」と呼ぶ

4行目の「printf("Say Hello¥n");」は、このプログラムの中で実際に仕事をしている部分です。さらに詳しく見てみましょう。

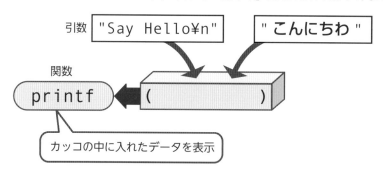

printfは画面に表示する命令の名前です。C言語では命令のことを**関数 (Function)** と呼びます。

「( )」で囲まれた部分は、関数にデータを渡す部分です。この例では「Say Hello」という文字を printf 関数に渡しています。

関数に渡されるデータのことを**引数 (Argument)** と呼び、文字の引数は前後を「" (ダブルクォート)」で囲みます。「" "」の間では**全角文字を使える**ので、「printf("こんにちは");」のように書いてもちゃんと動きます。

最後の「;(セミコロン)」は**文 (Statement)** の終わりを表します。普通の文章の「。(句点)」のようなものです。C言語では1つの文の終わりに必ず「;」を入れなければいけません。

引数 `"Say Hello¥n"`　`"こんにちわ"`

関数

`printf` ( )

カッコの中に入れたデータを表示

☆ 関数を「作る」ことと「使う」こと

このソースコードにはmain関数とprintf関数の2つの関数が登場しています。しかし、書き方が違いますね。

＊main関数の部分

```
int main( ){
          ～中略～
}
```

＊printf関数の部分

```
printf("Say Hello¥n");
```

なぜ違うのかというと、左は**新しい関数を作るときの書き方**、右は**作成した関数を使うときの書き方**だからです。たとえば、「ハサミを作ること」と「ハサミを使うこと」はまったく別のことですよね。「関数を作ること」と「関数を使うこと」もまったく別のことですから、書き方も違うのです。

関数を作ることを「**関数を定義する**」、関数を使うことを「**関数を呼び出す**」といいます。

C言語では関数が関数を呼び出して処理を進めていきます。今回作成したmain関数も

ちゃんと他から呼び出されています。ただし呼び出しているのはOSです。C言語では、プログラムを起動したら最初にmainという名前の関数を呼び出すように決まっています。

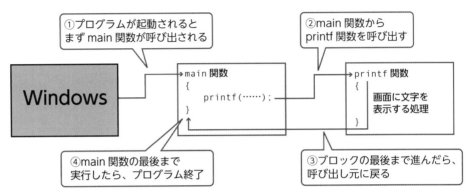

①プログラムが起動されると
まず main 関数が呼び出される

②main 関数から
printf 関数を呼び出す

main 関数
{
　　printf(……);
}

printf 関数
{
　画面に文字を
　表示する処理
}

④main 関数の最後まで
実行したら、プログラム終了

③ブロックの最後まで進んだら、
呼び出し元に戻る

※printf 関数は標準ライブラリの中で定義されている

　ここからしばらくはmain関数しか使わないので、関数の定義については後で説明することとしましょう。

☆ プログラムは読みやすく書こう

　コンパイラは1つの言葉と言葉の間さえ空白で区切られていれば、他のことは気にしません。「printf」の途中に半角スペースを入れて「prin tf」としたり、2つの言葉をつなげて「intmain」としたりしてはいけませんが、それさえ守れば次のように書いてもOKです。

```
001  int    main   (      )     {
002      for
003          (          int i= 0    ;
004              i      <          10;        i  ++    )
005          {    y  =      y        * 5  +    x *            12    ;
006                                    }        }
```
空白や改行を入れまくる

```
001  int main(){for(int i=0;i<10;i++){y=y*5+x*12;}}
002
003
```
必要最低限の空白しか入れない

　とはいえ、ソースコードは人間も読むものですから、読みやすいにこしたことはありません。一般的には、ブロックの始まりと終わりがわかりやすくなるよう、中身の部分を**タブ文字**で下げ、言葉の区切りがわかりやすくなるよう、間に**半角スペース**を1個ずつ入れます。

```
001   int main(){
002       for(int i = 0; i < 10;□i++){
003       □y = y * 5 + x *□12;        ┤半角スペースを入れる
004     □}
005   }                               ┤ブロックの中身は1タブ下げる
```

　本書ではスペースの都合で、関数定義の「)」に続けてブロック開始の「{」を書いていますが、「{」の前で改行するとブロックの開始と終わりがさらにわかりやすくなります。

　なお、#includeなどの**プリプロセッサ命令の途中では改行しないでください**。コンパイラが改行にも意味があると判断してエラーになります。いろいろな意味でプリプロセッサ命令は特別な存在なのです。

☆ コメント文でソースコードをさらに読みやすくする

　自分で書いたソースコードでも、しばらく経ってから見ると、どこが何をしているのかわからなくなることがあります。自分のためにも他人のためにも、ソースコードには**コメント文**を入れるようにしましょう。

　コメント文はコンパイラから無視される文です。プログラムには一切影響しないので、関数や数式の説明を好きなように書くことができます。また、**プログラムの一部を一時的に無効にするために使う**こともあります。

　コメント文の書き方には2種類あります。複数行のコメントを書きたいときは、最初に「/*(スラッシュ、アスタリスク)」を、最後に「*/(アスタリスク、スラッシュ)」を入れます。もっと簡単に書きたいときは、「//(スラッシュ2個)」を入れると、そこから改行までがコメント文になります。

```
001   /*
002       はじめてのプログラムです。
003       コマンドプロンプトに文字を表示します。    ┤複数行コメント
004   */
005   #include <stdio.h>
006
007   //main 関数●                              ┤1行コメント
008   int main() {
009       printf("Say Hello¥n");   // ここが実際の表示をしているところ
010   }
```

printf 関数を使いこなそう

printf 関数はただ文字を表示するだけでなく、「書式文字」を使って数値と文字を組み合わせたり、複数の文字をつなげて表示したりできます。ただし、いろいろなデータを使うときは、データの「型」に注意しなければいけません。

まずは簡単なことからやってみよう 〜変数と計算〜

☆ 数値や文字を組み合わせて表示する

前のセクションでは printf 関数を使って「Say Hello」という文字を表示させましたが、この関数の機能はそれだけではありません。そもそも printf の f は Format（書式）の略で、文字や数値をさまざまに加工して表示することができるのです。

たとえばソースコードを次のように変更すると、文字と数値を組み合わせて表示できます。「%d（パーセント・ディー）」の部分は半角で入力してください。

training.cpp

```
001  #include <stdio.h>
002
003  int main() {
004      printf(" あなたは %d 点です ¥n", 100);
005  }
```

C:¥WINDOWS¥system32¥cmd.exe　　　　　　　　　　⊕ 実行結果
```
あなたは100点です
続行するには何かキーを押してください . . .
```

最初の引数の「%d」の部分が、「,（カンマ）」の後に入力した「100」という数に置き換えて表示されましたね。printf 関数では 1 つめの引数に半角の「%（パーセント）」で始まる書式文字を含めると、2 つめ以降の引数に指定したデータに置き換えて表示できるのです。

```
004      printf(" あなたは %d 点です ¥n", (100));
```

38

数値ではなく文字で置き換えることもできます。

training.cpp

```
001  #include <stdio.h>
002
003  int main() {
004      printf("%s は %d 点です ¥n", " 山田 ", 100);
005  }
```

⊙ 実行結果

```
C:¥WINDOWS¥system32¥cmd.exe
山田は100点です
続行するには何かキーを押してください . . .
```

　今度は「%s（パーセントエス）」が2つめの引数に指定した文字に置き換えられました。また、「%d」の部分は3つめの数値に置き換えられています。

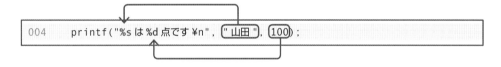

```
004      printf("%s は %d 点です ¥n", " 山田 ", 100 );
```

＊printf関数の書き方

```
printf(" 書式文字列 "，1つめのデータ，2つめのデータ……);
```

　printf関数で使える書式文字には次のようなものがあります。

書式文字	置き換えられるもの
%dまたは%i	10進数の整数
%f	10進数の実数 (P.41 参照)
%u	符号なし10進数の整数 (P.51 参照)
%o	8進数の整数 (P.44 参照)
%xまたは%X	16進数の整数 (P.44 参照)
%c	文字コード (P.42 参照) に対応する文字を表示
%eまたは%E	指数表示
%s	文字列 (P.42 参照)
%p	メモリアドレス (P.262 参照)

いろいろあって
覚えられるかな…

　意味がわからないものがあると思いますが、とりあえず今は%dと%s、%fを覚えておいてください。

ちなみにprintf関数は引数の数を自由に増やせますが、これはＣ言語の中では特別です。Ｃ言語のほとんどの関数は、**引数の数と種類が決まっており、呼び出すときに変えることはできません**。引数を自由に増やせるのは便利なのですが、プログラムにあいまいな部分ができてしまってコンパイラがエラーを探しにくくなってしまうからです。コンパイラがエラーを見つけられないと、プログラムの実行中にトラブルを起こす**実行時エラー**が発生してしまいます。

☆ データの種類に要注意！

書式文字の表を見ると、「整数」とか「実数」とか「文字列」とかさまざまな種類があります。こんなに必要なのでしょうか？

もちろん必要です。コンピュータにとって数値と文字はまったく違う形のデータです。それぞれをメモリに記憶する方法も、表示するための方法もまったく違います。Ｃ言語のソースコードは似たようなものでも、**コンパイル後にできあがるマシン語がまったく違うものになるのです**。

また、同じ数値でも小数点以下がない**整数 (Integer)** と、小数点以下がある**実数 (Real Number)** では、計算や表示のやり方が違います。

データの種類のことを**データ型**または単に**型 (Type)** といいます。Ｃ言語で思ったとおりに動くプログラムを作るには、「今どんな型のデータをどうしようとしているのか」をつねに把握しておかないといけません。

＊データは「型」が合わないと使えない

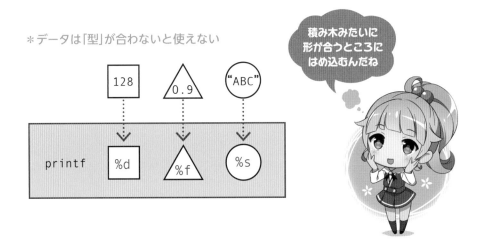

積み木みたいに形が合うところにはめ込むんだね

まずは簡単なことからやってみよう 〜変数と計算〜

☆ 整数と実数は何が違う?

　同じ数値なのに「小数点のあるなしだけで別になる」といわれても、すぐには納得いきませんよね。なぜ違うのか、何が違うのかを説明しましょう。

　整数が増えたり減ったりする単位はつねに1ですが、実数の場合は0.1かもしれないし、0.01かもしれないし、0.00000001かもしれません。整数のほうが単純なので、コンピュータは**実数より整数のほうが速く計算できます**。また、コンピュータの仕事では**実数計算よりも整数計算を行うことのほうが圧倒的に多いのです**。ですから、たいていのコンピュータは、手間がかかってたまにしか使わない実数計算よりも、すばやく計算できて使う回数が多い整数計算の性能が高くなるように作られています。プログラムを書くときも、**なるべく整数を使うようにしたほうが実行速度が上がります**。

　最近のパソコンで使われているCPUでは、実数の計算をかなり高速に行えるようになりましたが、整数の計算はそれよりももっと高速にできるのです。

　コンピュータの中では、0か1を記録できる**ビット**をいくつかまとめてデータを記憶しています。整数の場合はビットの各桁が1、2、4、8……などの2の乗数倍(2同士を何回か掛けた値)を表し、その合計で1つの数値を表します。

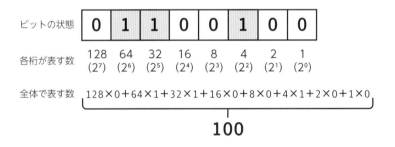

　実数は**浮動小数点(Floating Point)**という方法で記憶しています。浮動小数点では、各桁の数字と小数点の位置を分けて考えます。たとえば「0.015」という数値なら「1.5×10^{-2}」と考え、「15」と「-2」をまとめて1個のデータとして記憶します。そのおかげで、整数と同じビット数でも、とても小さな数値やとても大きな数値を記憶できます。**小数点の位置がふらふらと移動している**から、浮動小数点なのですね。

＊浮動小数点の考え方

2.56×10^{-5}　＝ $2.56 \times 1/100000$　＝ 0.0000256

2.56×10^{-2}　＝ $2.56 \times 1/100$　＝ 0.0256

2.56×10^{2}　＝ 2.56×100　＝ 256

2.56×10^{5}　＝ 2.56×100000　＝ 256000

＊浮動小数点の記憶方法

全体では 32 ビットまたは 64 ビットになる

正負	小数点の桁数（指数部）	各桁の数値を記憶する部分（仮数部）

1 ビット　　　8 ビットまたは 11 ビット　　　23 ビットまたは 52 ビット

☆ 画面に表示するとはどういうこと？

　続いて数値と文字は何がちがうのかという話をしましょう。

　これまで半角の「"（ダブルクォート）」で囲んだものを、あいまいに「文字」とか「字」と呼んできました。しかし正確には、1 文字だけのデータを**文字（Character）**、複数の文字が集まったものを**文字列（String）**と呼び分けます。String とはヒモのことです。

　コンピュータは基本的に数値しかあつかえないので、文字にも**文字コード（Character Code）**という番号を割り振っています。半角文字の場合、数字の「0 〜 9」は 48 〜 57、大文字の「A 〜 Z」は 65 〜 90、小文字の「a 〜 z」は 97 〜 122 の文字コードが割り振られています（巻末の付録参照）。

　画面に文字を表示するときは、モニタに「65」という数値を送ったら「A」という形の絵を描き、「97」を送ったら「a」という形の絵を描くように決めてあるわけです。

　1 文字が文字コードという数値なので、文字列は**数値がいくつも並んだもの**ということになります。

　C 言語で文字コードが必要なときは、「'a'」のように「'（シングルクォート）」で囲みます。「"a"」と「'a'」の見た目はほとんど同じですが、別の種類のデータなので、混同しないよう気をつけてください。

⬆ 文字列は文字コードという数値が並んだもの

C言語の文字コードや文字列の扱いはとても奥が深いので、後半の章でまとめて説明します。ここでは、

- 文字列は「" "」で囲むこと
- 文字は文字コードという数値として記憶されていること

を覚えておいてもらえれば十分です。

☆ 改行やタブ文字を入力するには

何も表示されないスペース文字にも文字コードはちゃんと割り当てられています。半角スペースの場合は32番です。また、タブ文字は9番、改行は10番になっています。

タブ文字や改行はそのままではソースコード中の文字列に入れられないため、**エスケープシーケンス**(Escape Sequence、拡張表記)という特別な書き方で入力します。エスケープシーケンスは半角の「¥(円マーク) + 1文字」で指定します。今まで入力してきたソースコードでは、"Say Hello¥n" のように末尾に「¥n」を付けていましたが、これは改行を意味するエスケープシーケンスです。

printf関数の%で始まる書式文字は、標準ライブラリの一部の関数でしか意味を持ちませんが、エスケープシーケンスはC言語のすべての文字列で有効です。

＊エスケープシーケンス

記号	文字コード	表す文字
¥n	10	改行 (LF)
¥r	13	復帰 (CR)
¥t	9	タブ
¥b	8	バックスペース
¥0	0	ヌル文字 (文字列の終端を表す)
¥¥	92	¥マーク
¥'	39	シングルクォート
¥"	34	ダブルクォート

コラム
printf関数のいろいろな書式記号

　printf関数では10進数だけでなく、8進数や16進数で数値を表示することができます。私たち人間が数値を表すときは、0～9まで数えていって10で繰り上がって2桁になる10進数という方式を使っています。コンピュータは0か1のビットで数値を表すので2進数です。C言語のソースコードでは2進数の代わりに16進数を使います。16進数は10～15までの数値をA～Fで表し、8ビット (1バイト) 分がちょうど2桁になるため、バイト単位でデータを記憶するコンピュータとの相性がいいのです。16進数で表示したいときは、「%x」か「%X」という書式記号を使います。

```
printf("10 進数だと ¥t%d¥n", 65535);
printf("8 進数だと ¥t%o¥n", 65535);
printf("16 進数だと ¥t%X¥n", 65535);
printf(" 文字コード表示 ¥t%c¥n", 65);
printf("¥n");
```

```
C:¥WINDOWS¥system32¥cmd.exe
10進数だと          65535
8進数だと          177777
16進数だと         FFFF
文字コード表示   A
```

🡆 さまざまな方式で
数値を表示

　また、「%10d」や「%10.1f」と書いて表示桁数などを指定することもできます。

＊書式文字の組み合わせルール

%	+ (符号表示)	− (左揃え)	0 (空きを 0 で埋める)	数値 (桁数。実数の場合は「全体の桁数 . 小数点以下の桁数」)	データの種類 (d、f など)

数値を記憶して計算する

ユーザーの命令どおりに計算してくれるプログラムを作ってみましょう。ここでは計算にする「式」の書き方や、数値を記憶する「変数」の使い方を説明します。変数は記憶する内容に合わせた「型」が決められています。

☆ 15分は何時間？

　1日は24時間、1時間は60分です。では、15分は何時間でしょうか？　15分は60分の4分の1ですから、1時間の4分の1を計算すれば、0.25時間という答えが出ます。もっと簡単に「15÷60」という計算を行ってもいいですね。

　こういう計算は人間がやると面倒ですが、コンピュータは大得意です。そこで、**分から時間を求めるプログラム**を作ってみましょう。

　C言語で計算を行うには、**演算子 (Operator)** を使った**式 (expression)** を書きます。演算子とはひとことでいえば計算記号のことです。手計算で使う「×」や「÷」と同じです。ただし半角文字には「×」や「÷」はないので、「×」の代わりに「*(アスタリスク)」、「÷」の代わりに「/(スラッシュ)」を使います。

＊計算に使われる基本的な演算子

演算子	働き
+	足す
-	引く
*	掛ける
/	割る

　プログラムは次のようになります。答えが実数になるので、数値の後に「.0」を付けて実数で計算します。

まずは簡単なことからやってみよう ～変数と計算～

training.cpp

```
001  #include <stdio.h>
002
003  int main() {
004      printf("%.0f 分は %.2f 時間です。¥n", 15.0, 15.0 / 60.0);
005  }
```

◎ 実行結果

```
C:¥WINDOWS¥system32¥cmd.exe
15分は0.25時間です。
続行するには何かキーを押してください . . .
```

　printf関数の3つめの引数の「15.0 / 60.0」の部分が式です。C言語では数値などのデータが書ける場所なら、たいていは式も書くことができます。

　手計算の数式と同じく、「*」と「/」の計算は「+」と「-」よりも先に行われます。**計算の順番を入れ替えたい場合は「( )」で囲みます。**

```
printf("%d", 30 + 5 * 2);         //5*2 が先に計算されるので結果は 40
printf("%d", (30 + 5) * 2);       //30+5 が先に計算されるので結果は 70
printf("%f", 1.0 / (60 / 15) );   //60/15 の答え 4 で 1.0 を割るので結果は 0.25
```

☆ 変数にデータを記憶する

　今回のサンプルでは計算前の分を表示するために、「15.0」を2回書いています。これだと分が変わるたびに両方変更しなければいけないので面倒ですね。こういうときは**変数**（Variable）を使ってみましょう。

　変数とは、内容を変更できる数値のことです。ソースコードに直接書いた数値や文字列はコンパイルし直さないと変更できませんが、**変数の内容はプログラムの実行中に変更できます。**

　ちなみに、ソースコードに直接書いた数値や文字列は、変数と区別して**リテラル**（Literal）と呼びます。日本語では**直定数**といいますが、リテラルと呼ぶことのほうが多いようです。

46

　変数を使うには、まず変数を作らなければいけません。変数を作ることを、**変数を定義す**
るといい、次のように記憶するデータの型と名前を指定して作成します。変数に付ける名
前には、**半角のアルファベットや数字、「_（アンダーバー）」を組み合わせたもの**が使えます。
ただし、すべて数字にすることはできません。数値と区別できないからです。「−」や「/」「{」
のような他で使われている記号も使えません。

＊変数の定義（作成）

> 型の名前　変数の名前；
>
> 例：int v1;

　作成した変数には「＝（イコール）」という演算子を使って、数値を記憶することができま
す。変数に数値を記憶することを**代入**といい、「＝」を**代入演算子**と呼びます。数学の＝記
号と違って、「等しい」という意味ではないので勘違いしないでください。等しいことを
表す演算子は別にあります（P.91 参照）。

＊変数に数値を代入（記憶）

> 変数の名前＝数値；
>
> 例：v1 = 10;

　変数を定義するときに、ついでに数値を代入することもできます。これを**変数の初期化**
といいます。定義したばかりの**変数にはデタラメなデータが入っている**ので、初期化する
か早めに代入するようにしましょう。

リテラル

変数

⬆ リテラルは変えられない。変数は中身を変えられる

＊変数の初期化

```
型名 変数の名前 = 数値；
例：int v1 = 0;
```

　では、さっきのプログラムを、変数を使った形に直してみましょう。変数を定義するには、型を決めなければいけません。整数を記憶する型には int、実数を記憶する型には double という名前が付けられています。今回は実数を記憶するので double を使います。

training.cpp

```
001  #include <stdio.h>
002
003  int main() {
004      double minutes;   // 分
005      minutes = 15.0;
006
007      printf("%.0f 分は %.2f 時間です。¥n", minutes, minutes / 60.0);
008  }
```

⊙ 実行結果

```
C:¥WINDOWS¥system32¥cmd.exe
15分は0.25時間です。
続行するには何かキーを押してください ...
```

　変数に記憶しておく数値を変えるだけで、簡単にプログラムの結果を変えられます。

training.cpp

```
001  #include <stdio.h>
002
003  int main() {
004      double minutes;   // 分
005      minutes = 25.0;
006
007      printf("%.0f 分は %.2f 時間です。¥n", minutes, minutes / 60.0);
008  }
```

⊙ 結果が変わった

```
C:¥WINDOWS¥system32¥cmd.exe
25分は0.42時間です。
続行するには何かキーを押してください ...
```

変数から変数への代入はコピー

プログラムでは、「a = b;」のように変数の内容を他の変数に代入することがあります。変数を説明するときによく「箱の絵」が使われますが、このたとえでいくと、変数から変数への代入は、「箱から箱へ中身を移す絵」で表せることになります。

ところが、ここに**たとえ話の落とし穴**があります。

箱から箱に中身を移した場合、元の箱の中身はカラになります。しかし、変数から変数に代入しても**元の変数の中身はカラになりません**。

変数の箱が表しているのは、本当はメモリの一部分です。コンピュータのメモリは、電気をためられる**とても小さな蓄電器**が集まったもので、1個の蓄電器が1ビットのデータを記録します。蓄電器に電気を蓄えた状態が1、蓄えていない状態が0です。

ですから、変数から変数に代入するということは、メモリの一部の蓄電器の状態を読み取って、他の場所の蓄電器が同じになるように変えることです。つまり、箱の中身を移動しているのではなく、**コピーしている**のです。箱をカラにするように変数の中身をカラ（0）にするには、コピーの後で蓄電器から放電しなければいけません。

＊メモリの構造

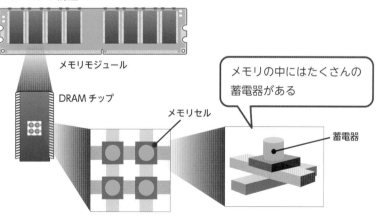

メモリモジュール

DRAMチップ

メモリセル

メモリの中にはたくさんの蓄電器がある

蓄電器

＊変数から変数への代入

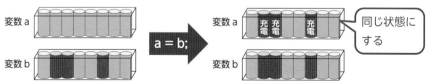

変数a

変数b

a = b;

変数a　充電　充電　充電

変数b

同じ状態にする

☆ 変数の型はいろいろある

先に型の名前としてintとdoubleを紹介しましたが、C言語には他にもいろいろな型があります。

型名	別名	記憶できるもの	記憶に使うビット数
char（キャラ）	文字型	1バイトの文字コード。 0 ～ 255の整数。	8ビット
signed char （サインド　キャラ）	符号付き文字型	－ 128 ～ 127の整数。	8ビット
unsigned char （アンサインド　キャラ）	符号なし文字型	0 ～ 255の整数。	8ビット
short（ショート）	符号付き短整数型	－ 32,768 ～ 32,767の整数。	16ビット
unsigned short （アンサインド　ショート）	符号なし短整数型	0 ～ 65535の整数。	16ビット
int（イント）	符号付き整数型	－ 2,147,483,648 ～ 2,147,483,647の整数。	32ビット
unsigned int （アンサインド イント）	符号なし整数型	0 ～ 4,294,967,295の整数。	32ビット
long（ロング）	符号付き長整数型	－ 2,147,483,648 ～ 2,147,483,647の整数。	32ビット
unsigned long （アンサインド　ロング）	符号なし長整数型	0 ～ 4,294,967,295の整数。	32ビット
float（フロート）	単精度浮動小数点型	10の－38乗～ 10の38乗の実数。	32ビット
double（ダブル）	倍精度浮動小数点型	10の－308乗～ 10の308乗の実数。	64ビット

たくさんあって圧倒されますが、次の点に注目すると理解しやすくなります。

- 実数型は最後の2種類だけで、他はみな整数型。
- ビット数が多い型ほど大きな数値を記憶できる。逆にいうと1つの数値を記憶するのに多くのメモリを消費する。
- unsignedが付かない型（またはsignedが付く型）は最上位の1ビットを正と負の区別に使う。unsignedが付く型は最上位の1ビットも数値を表すために使う。

＊ビット数が多い型ほど大きな数値を記憶できる

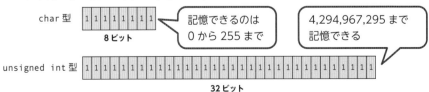

* 最上位ビットを正負の区別に使う型と使わない型がある

> 途中から負の値になる

signed char 型　　　　0　　　　　　127　　　　　　−128　　　　−1

| 0 0 0 0 0 0 0 0 | ～ | 0 1 1 1 1 1 1 1 | ～ | 1 0 0 0 0 0 0 0 | ～ | 1 1 1 1 1 1 1 1 |

char 型または
unsigned char 型　　　0　　　　　　127　　　　　　128　　　　　255

　なお、表に載せたそれぞれの型のビット数はVSC2019のもので、他のコンパイラでは違う場合があります。実はC言語のルールでは「shortは16ビット以上」「intは32ビット以上」といったあいまいな決まりしかなく、具体的なサイズはコンパイラの開発元が決めてよいことになっています。

☆ 型の違う変数を混ぜて計算する

　これまでさんざん数値や変数の型を混同してはいけないという話をしてきましたが、実は**実数と整数を混ぜた式**を書くこともできます。型が違えば本当は足し算や引き算する方法も違うのですが、さすがに同じ数値同士で計算できないのは都合が悪いだろうということで、コンパイラが例外的に許可してくれているのです。

　1つの式に異なる型が混ざっている場合、C言語のコンパイラは**もっとも広い範囲の数値を記録できる型**にそろえます。たとえば、int型とdouble型を含む式は両方ともdouble型に変換してから計算します。

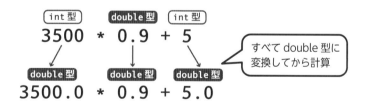

　整数から実数に変換しても数値そのものは変わらないため、特にエラーも警告も表示されません。コンパイラが自動的に行う型の変換を、**自動型変換**または**暗黙的な型変換**といいます。

　しかし逆の場合、つまり**実数から整数に変換した場合**は、エラーにはなりませんが警告が表示されます。

2-4

数値を記憶して計算する

次のソースコードでは、定価の1割引の売値を求めています。8行目でint型変数teikaに実数の0.9を掛けているので計算結果は実数になりますが、それをint型変数urineに代入しているためにdouble型からint型への変換が起きています。

```
training.cpp
001  #include <stdio.h>
002
003  int main() {
004      int teika;  // 定価
005      int urine;  // 売値
006
007      teika = 4790;
008      urine = teika * 0.9;
009
010      printf("%d 円の1割引は %d 円です。¥n", teika, urine);
011  }
```

	コード	説明	プロジェクト	ファイル	行
⚠	C4244	'=': 'double' から 'int' への変換です。データが失われる可能性があります。	training	training.cpp	8

エラー一覧を検索

⬆8行目に対して「doubleからintへの変換です。データが失われる可能性があります」という警告が表示される

この例では失われているのは小数点以下の桁だけなので、実用上の問題はありません。プログラムも期待どおりに動いています。しかし、うっかり型を間違えた場合と区別するためにも、「理解して異なる型を使っている」ことをコンパイラに伝えるべきです。

型変換の警告が出ないようにするには、プログラマーが自分で型変換を行います。これを明示的な型変換、またはキャスト（Cast）といいます。Castは「役を割り当てる」とか「(銅像などを)鋳造する」という意味の英語です。型をキャストするには、対象の数値や変数の前に「(型名)」を付けます。

＊型のキャスト

（ キャスト後の型の名前 ） 変数または式

今回のソースコードでは、「teika * 0.9」という式の結果がdouble型になるので、式の結果をキャストしなければいけません。式の結果をキャストするには式全体を「( )」で囲みます。「( )」を付けずに「(int)teika * 0.9」とすると変数teikaにしか作用しないため、

int型の変数をint型にキャストするという意味のない処理になってしまいます。

```cpp
training.cpp
001  #include <stdio.h>
002
003  int main() {
004      int teika;  // 定価
005      int urine;  // 売値
006
007      teika = 4790;
008      urine = (int)(teika * 0.9);
009
010      printf("%d 円の 1 割引は %d 円です。¥n", teika, urine);
011  }
```

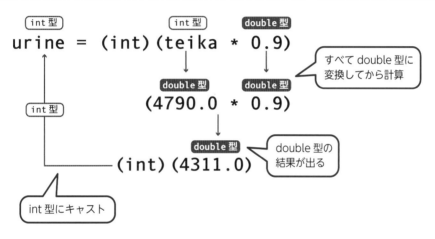

これで警告が表示されなくなりました。なお、printf関数で「%.0f」として小数点以下の桁を非表示にしたときは四捨五入されますが、「(int)」で整数にキャストしたときは**小数点以下が切り捨てられます**。キャスト時に四捨五入したい場合は、0.5を足してからキャストしてください。

```cpp
urine = (int)(teika * 0.9 + 0.5);    // 小数点第一位で四捨五入
```

整数から実数へのキャストについて誤解しないでほしいのは、**int型変数がdouble型変数に変わるのではない**ということです。C言語のソースコードからは見えませんが、マシン語にコンパイルされた実際の計算では、途中経過をメモリに記憶します。その一時的に記憶した数値が実数に変わるのです。int型の変数はずっとint型のままで、後から変えることはできません。

リテラルの型

変数に型があるように、リテラルの数値にも型があります。「3500」のように小数点を付けずに書いた場合はint型、「3500.0」のように小数点を付けた場合はdouble型になります。また、「3500.0f」のように小数点以下の後にfかFを付けると、float型の実数になります。8進数や16進数の整数を書くこともできますが、2進数で書くことはできません。

書き方	数値の型	例
小数点以下を付けない	int型	128
小数点以下を付ける	double型	128.0
小数点以下の後にfを付ける	float型	128.0f
先頭に「0x」を付ける	16進数のint型	0xD3（10進数の211）
先頭に「0」を付ける	8進数のint型	010（10進数の8）
「仮数e指数」の形で書く	指数形式のdouble型	1.23e-10（1.23×10の-10乗）
「仮数e指数f」の形で書く	指数形式のfloat型	1.23e-10f
整数の後にuを付ける	unsigned int型	3000000000u
整数の後にlを付ける	long型	300l

☆ リテラルの代わりに定数を使おう

変数のようにプログラムの実行中に変更する必要はないけれど、プログラムの数カ所に出てくるような数値はなるべく定数(Constant)にしましょう。定数は数値に名前を付けたもので、うまく使えばソースコードの修正が楽になります。

＊円周率3.14を誤って3.15と書いてしまったことに後から気づいた場合……

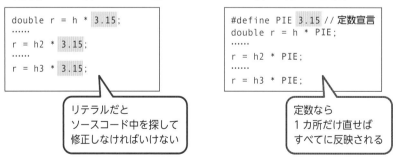

```
double r = h * 3.15;
……
r = h2 * 3.15;
……
r = h3 * 3.15;
```

```
#define PIE 3.15 // 定数宣言
double r = h * PIE;
……
r = h2 * PIE;
……
r = h3 * PIE;
```

リテラルだとソースコード中を探して修正しなければいけない

定数なら1カ所だけ直せばすべてに反映される

定数を作ることを「定数を定義する」といい、#define プリプロセッサを使って定義し

54

ます。#defineはコンパイルする前にソースコード中から定数を探して数値に置換してくれるプリプロセッサ命令 (P.34参照) です。定数に付ける名前は通常**すべて大文字**にします。これは変数や関数の名前と区別するための工夫です。

＊定数の定義 (作成)

```
#define  定数名  数値
例：#define MAXLOOP 10
```

　　C言語の標準ライブラリの中でもいくつかの定数が定義されています。ひとつの例がヘッダファイル limits.h で定義されている、型の最大値や最小値を示す定数です。

```
#include <stdio.h>
#include <limits.h>

int main(){
  printf("int 型の最大値は %d¥n", INT_MAX);
  printf("int 型の最小値は %d¥n", INT_MIN);
}
```

　　limits.hを開いてみると、いろいろな型の定数が#defineを使って定義されていることがわかります。

```
                    ……前略……

#define MB_LEN_MAX    5    /* max. # bytes in multibyte char */
#define SHRT_MIN   (-32768)    /* minimum (signed) short value */
#define SHRT_MAX   32767      /* maximum (signed) short value */
#define USHRT_MAX    0xffff   /* maximum unsigned short value */
#define INT_MIN  (-2147483647 - 1)  /* minimum (signed) int value */
#define INT_MAX    2147483647    /* maximum (signed) int value */
#define UINT_MAX   0xffffffff    /* maximum unsigned int value */
#define LONG_MIN (-2147483647L - 1) /* minimum (signed) long value */
#define LONG_MAX   2147483647L   /* maximum (signed) long value */
#define ULONG_MAX  0xffffffffUL  /* maximum unsigned long value */

                    ……後略……
```

2-4

数値を記憶して計算する

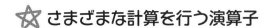
さまざまな計算を行う演算子

　ここまでで「+」「-」「*」「/」「=」の5つの演算子が登場しましたが、計算に関するものだけでも、もっと多くの演算子があります。一度にすべてを覚える必要はありませんが、頭のどこかに入れておいて少しずつ多くの演算子を使えるようになりましょう。

　なお、ここではインポート文やmain関数の定義を省略していますが、実際にコンパイルするときは必要です。

❶割り算の余りを求める──%

　「%（パーセント）」演算子を使うと、割り算の余りを求めることができます。この演算子は整数の型でしか使えません。実数は余りが出ないからです。どうしても実数値の余りを求めたい場合は整数にキャストしてから計算します。

```
int i = 5;
printf("%d¥n", i % 2);          //2で割った余りを求める。この例の答えは1
double d = 5.0;
printf("%d¥n", (int)d % 2);   // 実数の場合はキャストする
```

❷変数を1増やす、1減らす──++、--

　変数名の後に「++（プラス2つ）」演算子を付けると、変数の数値を1増やすことができます。また、「--（マイナス2つ）」演算子を付けると1引くことができます。++は**インクリメント演算子**、--は**デクリメント演算子**と呼び、ループ（繰り返し処理）の回数を数えるときなどによく使われます（P.120参照）。

```
int i = 0;
i++;
printf("%d¥n", i);          //1と表示される
```

❸計算して代入する──+=、-=、*=、/=、%=

　ある変数の内容に10を足したり、2倍したりしたいときは、計算に使う演算子と代入演算子の「=」を組み合わせます。変数名を2回書く手間が省けます。

```
int hensuu = 5;
hensuu *= 3;                    //hensuu = hensuu * 3と書くのと同じ
printf("%d¥n", hensuu);     //15と表示される
```

2-5

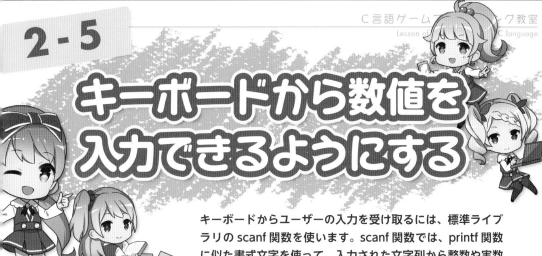

キーボードから数値を入力できるようにする

キーボードからユーザーの入力を受け取るには、標準ライブラリの scanf 関数を使います。scanf 関数では、printf 関数に似た書式文字を使って、入力された文字列から整数や実数を取り出します。

☆ scanf 関数で数値を入力する

前セクションでは、「定価の1割引の売値を求めるプログラム」を作りましたが、コンパイルし直さないと定価を変えられません。これでは実用性があるとはいえませんね。プログラムの実行中にキーボードから定価を入力できるようにしましょう。

キーボードからの入力を受け取るには、scanf関数を使います。scanfの「f」はprintfと同じく、Format（書式）を表しており、「%d」や「%f」などの**書式文字**を使って、キーボードから入力された文字列から数値を取り出して変数に記憶します。printf関数の逆の働きをイメージするとわかりやすいかもしれません。

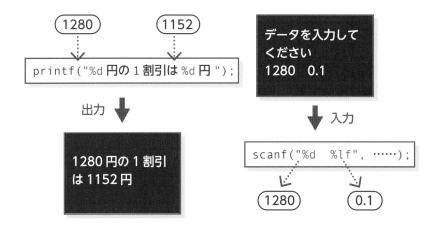

⊕printf関数は文字列に数値を当てはめ、scanf関数は入力された文字列から数値を取り出す

scanf関数の書き方は次のとおりです。printf関数と同じく2つめ以降の引数は型と数を自由に変更できます（P.40参照）。データを記憶する変数には、頭に「＆（アンド）」を付ける必要があります。第7章で説明しますが、この＆はビット演算子ではなく**アドレス演算子**というものです。アドレス演算子は今説明すると混乱するので、とりあえず**scanfに変数を指定するときは「＆」を付ける**のだと覚えておいてください。

＊scanf関数の書き方

scanf (書式文字列 , &1つめの変数 , &2つめの変数……) ;

＊scanf関数で使用できる書式文字

書式文字	取り出せるデータ
%d または %i	int型整数
%u	unsigned int型整数
%f	float型実数
%lf	double型実数
%e	指数表示のfloat型実数
%le	指数表示のdouble型実数
%o	8進数unsigned int型整数
%x	16進数unsigned int型整数
%c	char型の文字
%s	空白以外の文字列

printfと
だいたい一緒だね！

　P.52で作った売値を求めるソースコードにscanf関数を組み込むと次のようになります。コンパイルすると警告が表示されますが、そのまま実行してください。この警告については後で説明します。

training.cpp

```
001  #include <stdio.h>
002
003  int main() {
004      int teika;   // 定価
005      int urine;   // 売値
006
007      printf("定価を入力してください");
008      scanf("%d", &teika);
009      urine = (int)(teika * 0.9);
010
011      printf("%d円の1割引は%d円です。¥n", teika, urine);
012  }
```

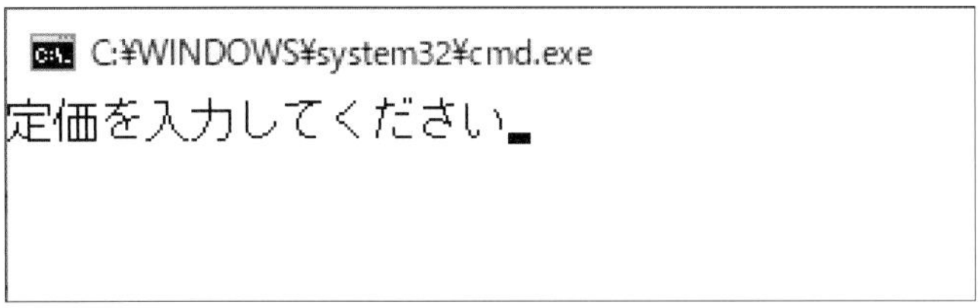

```
C:¥WINDOWS¥system32¥cmd.exe

定価を入力してください_
```

⊕ 入力待ち状態になると小さい
カーソルが点滅する

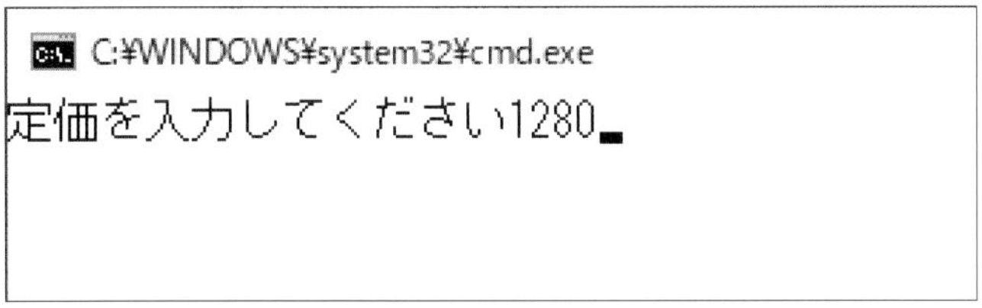

```
C:¥WINDOWS¥system32¥cmd.exe

定価を入力してください1280_
```

⊕ 数値を入力して Enter キーを押す

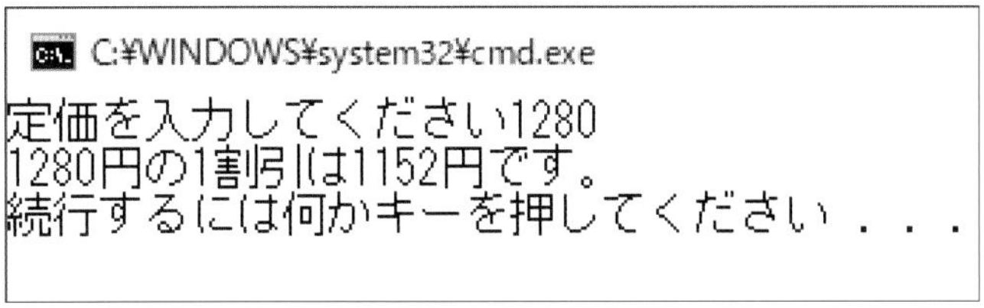

```
C:¥WINDOWS¥system32¥cmd.exe

定価を入力してください1280
1280円の1割引は1152円です。
続行するには何かキーを押してください . . .
```

⊕ 計算結果が表示される

　複数の数値をまとめて入力したい場合は、書式文字列に区切りの文字を入れておくと数値だけを取り出せます。たとえば、カンマで区切られた「100, 200, 300」という入力文字列から3つの数値を取り出すには、「"%d, %d, %d"」という書式文字列を指定します。

```
scanf( "%d, %d, %d", &a, &b, &c );
```

整数 SKIP 整数 SKIP 整数

入力文字列 "100, 200, 300"

100　　200　　300

scanf("%d, %d, %d", &a, &b, &c);

スキップさせたい文字は
書式文字列に入れておく

数値だけが読み取られて
変数に記憶される

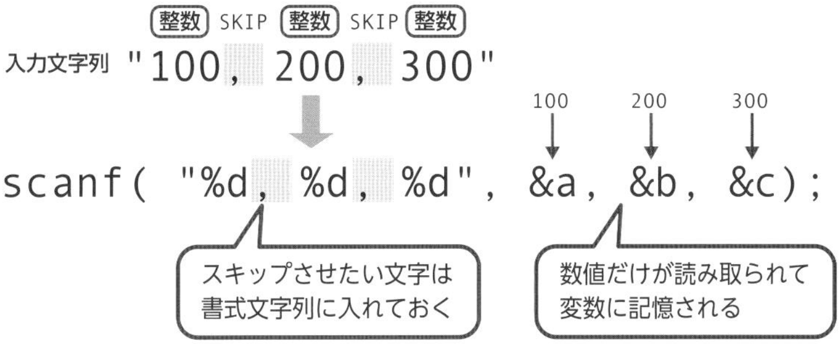

☆ scanf 関数の返値（かえりち）をチェックする

C言語の関数には結果を返してくるものがあります。たとえば、標準ライブラリのatoi 関数は文字列を整数に変換する関数で、int型の数値を返してきます。

関数が返す結果を返値（かえりち）または戻り値（もどりち） (Returned Value) といい、数値を返す関数は数値と同じように、他の関数の引数にしたり式の中で使ったりすることができます。

```
001  #include <stdio.h>
002  #include <stdlib.h>        //atoi 関数のために stdlib.h をインクルード
003
004  int main() {
005      printf("%d¥n", atoi("128")*4 );   //atoi 関数を printf 関数の引数にする
006  }
```

```
🖥 C:¥WINDOWS¥system32¥cmd.exe
512
続行するには何かキーを押してください . . .
```

◉ 文字列を整数にして計算結果を printf 関数で表示

```
printf("%d¥n", atoi("128") );          int i = atoi("128") * 4;
```

atoi("128")   atoi("128")

int 型   int 型

printf("%d¥n" , [128])   i = [128] * 4

整数の結果を返す関数は
整数の代わりに使える

ちなみに、atoi は ASCII to Integer（アスキー トゥー インテジャー）の略で、半角文字で使われている ASCII（アスキー）コードという文字コードを整数にするという意味です。正式な読み方は決まっていないので、「エートゥーアイ」でも「アトイ」でも好きなように読んでください。atoi関数はscanf関数を使わずに文字列を数値にしたいときに使います。

scanf関数も結果を返します。scanf関数の返値は**読み取れた数値や文字列の数**です。データを1つも読み取れなかった場合は0を返します。これを利用すれば、入力が成功し

たのか失敗したのかを知ることができます。次のソースコードでは、scanf関数の返値を
int型変数retval（リトバル）に代入し、printf関数で表示させています。

```
training.cpp

001  #include <stdio.h>
002
003  int main() {
004      int teika;    // 定価
005      int urine;    // 売値
006      double waribiki;
007
008      printf(" 定価と割引率を入力してください ");
009      int retval = scanf("%d, %lf", &teika, &waribiki);
010      urine = (int)(teika * (1.0 - waribiki));
011
012      printf("%d 円の %d 割引は %d 円です。¥n",
013          teika, (int)(waribiki * 10), urine);
014      printf("scanfの返値 %d¥n", retval);
015  }
```

```
C:¥WINDOWS¥system32¥cmd.exe
定価と割引率を入力してください120
120円の-2147483648割引は-2147483648円です。
scanfの返値 1
続行するには何かキーを押してください . . .
```

⟲ 数値が1つしか入力されていな
  い場合は「1」が返される

```
C:¥WINDOWS¥system32¥cmd.exe
定価と割引率を入力してくださいabaxarieji
-858993460円の-2147483648割引は-2147483648円です。
scanfの返値 0
続行するには何かキーを押してください . . .
```

⟲ 数値と判断できるデータが1つも
  無かった場合は「0」が返される

　割引率を求めるには2個の数値が必要なので、scanf関数の返値が2以外だったらその
後の処理を行わないようにすれば、めちゃくちゃな結果が表示されることはなくなります。
それには次の第3章で説明する「条件分岐」を使う必要があります。条件分岐はまだ学習
していないので、ここはそのままにしておきましょう。

☆ scanf 関数の問題とセキュア関数

scanf関数を含むソースコードをVSC2019でコンパイルすると、初回は次のような警告 (Warning) が表示されたはずです。

	コード	説明	プロジェクト	ファイル	行	抑
⚠	C4996	'scanf': This function or variable may be unsafe. Consider using scanf_s instead. To disable deprecation, use _CRT_SECURE_NO_WARNINGS. See online help for details.	training2	training.cpp	5	

⬆「warning C4996: 'scanf': This function or variable may be unsafe.……」と表示される

警告のメッセージは「この関数または変数は安全ではない可能性があります。代わりにscanf_s関数を使うことを検討してください」という内容です。

実は標準ライブラリの関数は作られたのがかなり古いため、**実行時エラーの原因になりやすい**のです。printf関数でも書式文字と変数の型が違っているとエラーが起きますが、scanf関数の場合は書式文字に「%s」を使用したときに、**長い文字列を入力すると実行時エラーが起きます**。printf関数の問題はプログラマーが気をつければ済む話ですが、scanf関数の問題はユーザーの操作次第で起きるので、確実に防ぐ方法がありません。標準ライブラリには他にもいくつか問題を起こしやすい関数があります。

そこでマイクロソフトは独自に改良した**セキュア関数**と呼ばれるものを用意しました。警告メッセージに表示されているscanf_s関数もそのひとつです。scanf_s関数には入力できる文字数を制限する機能が追加されており、完全ではありませんがエラーが起きにくくなっています。

```
scanf_s("%s", buf, 30);        // 文字列を記録する変数の後に、最大文字数を指定
```

今回のソースコードでは数値しか入力させないのでscanf関数でも問題ないのですが、先のことも考えてscanf_s関数に置き換えましょう。数値のみを入力させる場合、使い方はscanf関数とまったく同じです。

```
training.cpp
001  #include <stdio.h>
002
003  int main() {
004      int teika;  // 定価
005      int urine;  // 売値
```

```
006    double waribiki;
007
008    printf(" 定価と割引率を入力してください");
009    scanf_s("%d, %lf", &teika, &waribiki);
010    urine = (int)(teika * (1.0 - waribiki));
011
012    printf("%d 円の %d 割引は %d 円です。¥n",
013        teika, (int)(waribiki * 10), urine);
014 }
```

　本書では積極的にセキュア関数を使用していきますが、セキュア関数には大きな問題があります。それは**マイクロソフト製コンパイラでしか使えない**という点です。他のコンパイラではコンパイルエラーになります。「自分はVSC2019以外でもC言語を使えるようになりたいので標準どおりに書きたい」という人は、次のプリプロセッサ命令をソースコードの先頭に入れてください。これで警告が表示されなくなります。

```
001  #pragma warning(disable: 4996)
002  #include <stdio.h>
003
004  int main() {
005      int teika;   // 定価
                        ……後略……
```

☆ その他の入力関数も使ってみよう

　標準ライブラリには、scanf関数以外にも入力用の関数があります。getchar関数（ゲットキャラ）とgets関数（ゲッツ）です。

　getchar関数は1文字を入力させる関数です。機能がシンプルな分、使い方は簡単です。1文字より長く入力した場合は先頭の1文字の文字コードを返します。返値はint型なのでint型変数に記録します。なお、入力できるのは半角文字だけです。

＊getchar関数の書き方

```
int 型変数 = getchar();         // 引数はなしで int 型の結果を返す
```

次のソースコードは、入力された文字とその文字コードを16進数 (P.44参照) で表示します。

```cpp
training.cpp
001  #include <stdio.h>
002
003  int main() {
004      printf("1文字入力してください ");
005      int ch = getchar();
006      printf("%c (文字コードは %X) ¥n", ch, ch);
007  }
```

入力待ち状態になると
小さいカーソルが点滅する

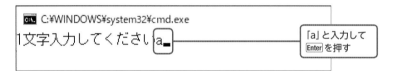

「a」と入力して
Enter を押す

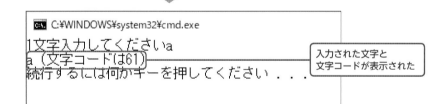

入力された文字と
文字コードが表示された

　もうひとつのgets関数は文字列を入力させる関数です。scanf関数ではユーザーが入力した文字列を分析して数値などを取り出していましたが、gets関数は分析する前の**文字列をそのまま取得します**。

＊gets関数の書き方

```
gets( 文字を記録する char 型ポインタ )
```

　gets関数は文字列が長すぎるとエラーを起こすことがあるため、VSC2019にはセキュア関数の**gets_s**関数（ゲッツエス）が用意されています。gets_s関数は記憶できる文字列の長さを指定

する引数が追加されています。

＊gets_s関数の書き方

> gets_s(文字を記録する char 型ポインタ ， 記憶できる文字数の長さ)

　次のソースコードは、入力された文字列をそのまま表示します。gets ／ gets_s 関数は全角文字の入力も可能なので、日本語入力を試してみましょう。入力された文字列は char 型の配列変数というものに記憶します。これについては後の章で説明します。

```cpp
training.cpp
001  #include <stdio.h>
002
003  int main() {
004      printf(" 文字列を入力してください ");
005      char buf[80];
006      gets_s(buf, 80);
007      printf("%s¥n", buf);
008  }
```

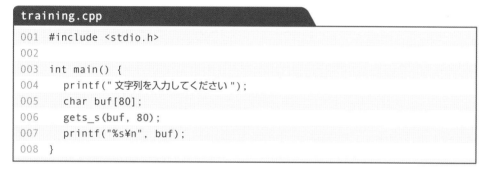

入力待ち状態になると
小さいカーソルが点滅する

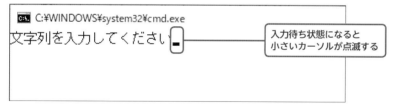

文字列を入力して Enter を押す

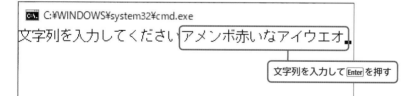

入力した文字列が
そのまま表示された

2-5 キーボードから数値を入力できるようにする

　getchar関数やgets関数でできることは、すべてscanf関数でもこなすことができます。ではscanf関数さえあれば他はいらないのでしょうか？

　そんなことはありません。scanf関数は機能が多い代わりに予想外のエラーを起こすことも多いのです。その点、1つの仕事しかできないgetchar関数やgets関数なら、予想どおりに動いてくれます。**多機能なものが一番いいとは限らないのが面白いところですね。**

　この章では文字や数値ばかりの地味な話が続きましたが、次の章からは画像も交えたもう少し華やかなプログラムを組んでいきましょう。

コラム
変数や定数の名前をすばやく入力する

　C言語では変数や定数、関数などの名前を1文字でも間違えたらエラーになってしまいます。でもすべてを完璧に覚えるのはなかなかできませんね。そういうときはVSC2019の**インテリセンス**という機能を使ってみましょう。

　名前の先頭数文字を入力すると、プロジェクト中のソースコードやヘッダファイルから該当する名前を検索し、候補として表示してくれます。目的の候補をカーソルキーで選んだら、Tabキーを押せば残りが入力されます。これなら長い名前の変数や関数でも確実に入力できます。

⬆インテリセンスの入力候補

　いったん入力を確定した後は候補のリストが表示されないことがあります。その場合はCtrl + spaceキーを押すと、強制的に候補のリストが表示されます。

プログラムに判断させよう
～条件分岐～

コンピュータは考えません。人間が指示したとおりに動くだけです。でも大ざっぱな方針を指示したら、細かいことはおまかせしたいですね。この章では「条件分岐」のやり方を学んで、コンピュータに細かい判断をさせてみましょう。

3-1 グラフィカルコンソールを使ってみよう

グラフィカルコンソールはC言語を楽しく学習するための
ツールです。簡単な命令で画像や文字を表示しながら、C言
語を学びましょう。ここではグラフィカルコンソールを使っ
て2章で学習した内容を復習します。

☆ グラフィカルコンソールとは？

この章の本題は条件分岐の説明ですが、その前に本書の付属ツールグラフィカルコン
ソールの使い方を説明しましょう。グラフィカルコンソールは、画像を表示したり色つき
テキストを表示したりできる学習用ツールです。

C言語の学習では簡単なコンソールアプリケーションの作り方から始めるのが王道。で
も、文字だけじゃ地味でモチベーションが上がらないという人も多いはず。とはいえC言
語の基本文法をマスターした後でなければ、ウィンドウの作り方や画像の読み込み方は理
解できません。

グラフィカルコンソールでは、gprintfやggetsなどの標準ライブラリに似た関数を使っ
て、手軽に文字の表示や入力ができます。画像の表示もgimage関数でファイル名と表示
する位置を指定するだけ。コンソールアプリケーション並みの簡単さで、画像を使ったプ
ログラムが作れるのです。

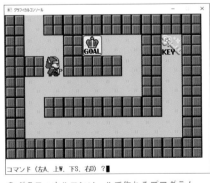

⬆ グラフィカルコンソールで作れるプログラム

☆ グラフィカルコンソールを使う準備

では、さっそく使ってみましょう。ダウンロードしたサンプルファイルの中に〈GConsole追加ファイル〉フォルダがあります。これを適当なフォルダにコピーしましょう。ここではCドライブの直下にコピーします。

◑〈GConsole追加ファイル〉フォルダをCドライブにコピー

〈GConsole追加ファイル〉フォルダには、1つの実行ファイル (Graphical Console.exe) と2つのライブラリファイル (GConsoleLib.lib、GConsoleLib_d.lib)、1つのヘッダファイル (GConsoleLib.h)、サンプル用の画像ファイルを納めたフォルダ (sampleimg) が入っています。実行ファイルがグラフィカルコンソール本体で、ライブラリファイルとヘッダファイルはあなたが作ったプログラムからグラフィカルコンソールを利用するために必要なものです。

◑ 中には4つのファイルと1つのフォルダが入っている

◑〈sampleimg〉フォルダにはサンプル用の画像ファイルが保存されている

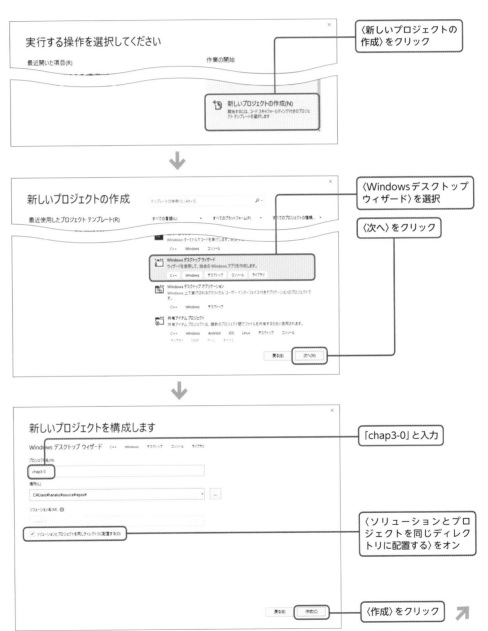

☆ グラフィカルコンソール用のプロジェクトを作ろう

　さっそく画像を表示するプログラムを作ってみましょう。新たに「chap3-0」という名前のプロジェクトを作成してください。作り方は第2章で説明したものとまったく同じです。

実行する操作を選択してください

最近開いた項目(R)　　　　　　　　　　　作業の開始

新しいプロジェクトの作成(N)
開始するには、コードスキャフォールディング付きのプロジェクトテンプレートを選択します

〈新しいプロジェクトの
作成〉をクリック

新しいプロジェクトの作成

最近使用したプロジェクトテンプレート(R)

Windows ターミナルでコードを実行します。

Windows デスクトップ ウィザード
ウィザードを使用して、独自の Windows アプリを作成します。

Windows デスクトップ アプリケーション
Windows 上で実行されるグラフィカル ユーザー インターフェイス付きアプリケーションのプロジェクトです。

共有アイテム プロジェクト
共有アイテム プロジェクトは、複数のプロジェクト間でファイルを共有するために使用されます。

戻る(B)　次へ(N)

〈Windows デスクトップ
ウィザード〉を選択

〈次へ〉をクリック

新しいプロジェクトを構成します

Windows デスクトップ ウィザード

プロジェクト名(N)

chap3-0

場所(L)

C:¥Users¥hanako¥source¥repos¥

ソリューション名(M)

☑ ソリューションとプロジェクトを同じディレクトリに配置する(D)

戻る(B)　作成(C)

「chap3-0」と入力

〈ソリューションとプロ
ジェクトを同じディレク
トリに配置する〉をオン

〈作成〉をクリック

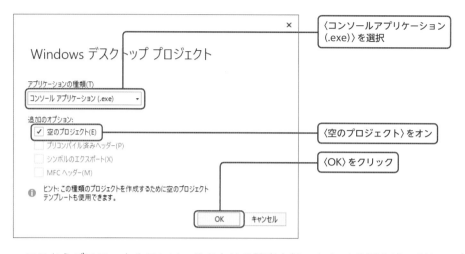

〈コンソールアプリケーション（.exe）〉を選択

〈空のプロジェクト〉をオン

〈OK〉をクリック

ここからグラフィカルコンソールのための設定を行います。VSC2019に対してグラフィカルコーンソールのヘッダファイルとライブラリファイルの場所を教えてあげる設定です。

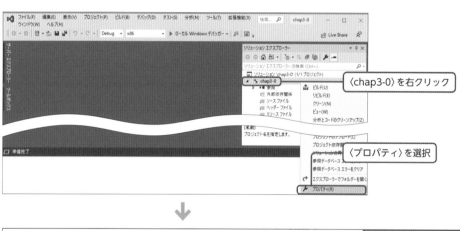

〈chap3-0〉を右クリック

〈プロパティ〉を選択

〈すべての構成〉を選択

〈VC++ディレクトリ〉をクリック

〈インクルードディレクトリ〉をクリック

〈∨〉をクリックして〈編集...〉をクリック

3-1

グラフィカルコンソールを使ってみよう

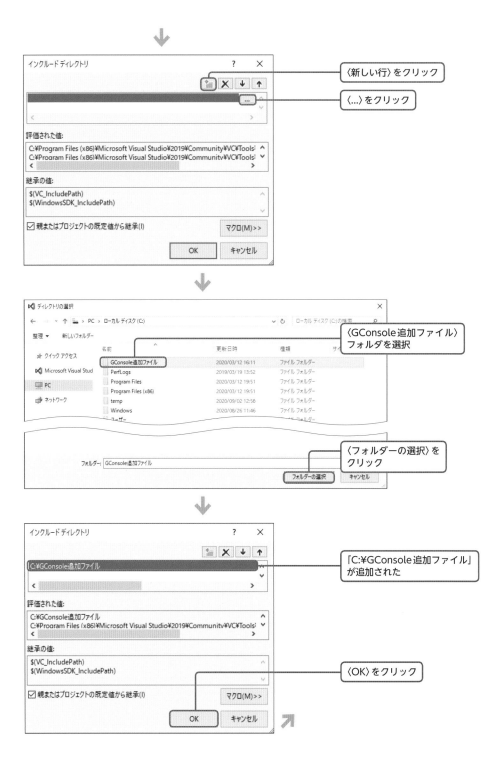

〈新しい行〉をクリック

〈...〉をクリック

〈GConsole追加ファイル〉
フォルダを選択

〈フォルダーの選択〉を
クリック

「C:¥GConsole追加ファイル」
が追加された

〈OK〉をクリック

同じように〈ライブラリディレクトリ〉にも
〈GConsole追加ファイル〉フォルダを設定

〈OK〉をクリック

☆ 画像を表示するプログラムを作ろう

続いて「main.cpp」という名前のソースコードを新規作成します。

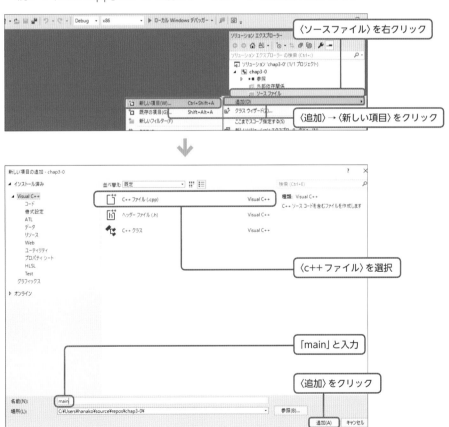

〈ソースファイル〉を右クリック

〈追加〉→〈新しい項目〉をクリック

〈c++ファイル〉を選択

「main」と入力

〈追加〉をクリック

作成されたmain.cppに次のソースコードを入力してください。

```
main.cpp
001  #include <GConsoleLib.h>
002
003  int main(){
004      gimage("", 0, 0);
005  }
```

1行目ではグラフィカルコンソールの関数を使うために、「GConsoleLib.h」をインクルードしています。インクルード文では、VC++ディレクトリに指定されたフォルダの中にあるヘッダファイルを取り込むときは「< >」、**ソースコードと同じフォルダにあるヘッダファイルを取り込むときは「" "」を使います。**

main関数の中に書いたgimage関数は画像を表示する関数です。最初の引数には、読み込む画像ファイルの場所を表す**ファイルパス**を指定します。

＊gimage関数の書き方

```
gimage( "画像のファイルパス" , x座標 , y座標 );
```

ファイルパスとは、「**ドライブ名:￥フォルダ￥フォルダ￥ファイル.拡張子**」の形式でファイルの保存場所を指定する文字列です。ドライブ名の後に「**:（コロン）**」、フォルダの区切りに「**￥（円マーク）**」を使います。

ファイルパスを1文字でも間違えるとファイルが読み込めないので、入力せずにフォルダウィンドウのアドレスバーからコピーします。

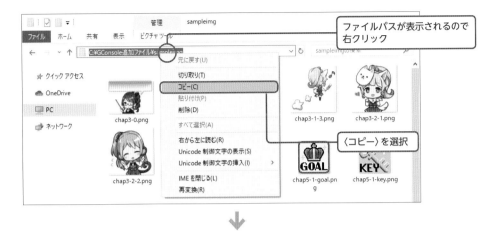

ファイルパスが表示されるので
右クリック

〈コピー〉を選択

VSC2019に切り替えて、
「""」の間にカーソルを置く

〈Ctrl〉+〈V〉を押して
貼り付ける

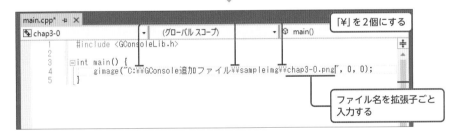

「¥」を2個にする

ファイル名を拡張子ごと
入力する

ファイルパスの「¥」を2個にするのはなぜでしょうか？　そう、C言語の文字列では、「¥」がエスケープシーケンスという特殊な意味を持つのでしたね (P.43参照)。1つの「¥」を指定したいときは、「¥¥」のように2つ入力しなければいけません。

　プログラムはこれで完成。実行してみましょう。プログラムを実行する前に、**グラフィカルコンソールを起動しておいてください**。一度起動したらいちいち終了せずに、起動しっぱなしでかまいません。

3-1

グラフィカルコンソールを使ってみよう

プログラムに判断させよう ～条件分岐～

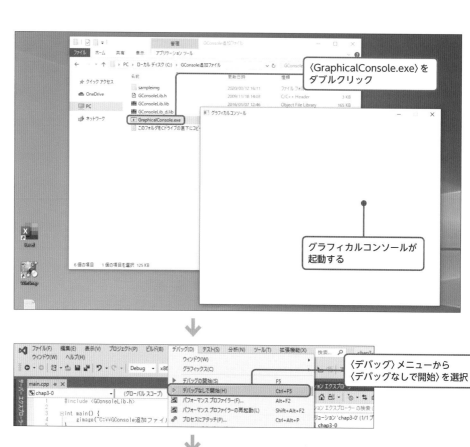

〈GraphicalConsole.exe〉を
ダブルクリック

グラフィカルコンソールが
起動する

〈デバッグ〉メニューから
〈デバッグなしで開始〉を選択

グラフィカルコンソールに
画像が表示された

コマンドプロンプトを
閉じるとプログラム終了

グラフィカルコンソールがVSC2019の背面に隠れてしまうので、タスクバーのボタンをクリックして最前面に移動してください。ファイル名が間違っていなければ指定した画像ファイルが表示されるはずです。

コマンドプロンプトのウィンドウも表示されています。作成したのはコンソールアプリケーションなので、**プログラム自体はコマンドプロンプト上で動いている**のです。gimageなどの関数を呼び出すと、それがグラフィカルコンソールのウィンドウにメッセージを送って画像などを表示するしくみになっています。プログラムを終了したいときは、グラフィカルコンソールではなく**コマンドプロンプトを閉じてください。**

☆ グラフィカルコンソールの関数

グラフィカルコンソールを使うための関数は全部で14個（次ページの表を参照）。そのうち、gprintf関数とggets関数、ggetchar関数の使い方は、2章で説明したprintf関数、gets関数、getchar関数と同じです。他の関数については少しずつ説明していくことにしましょう。

まずは簡単なところで**gcls関数**と**gfront関数**を使ってみましょう。gcls関数はグラフィカルコンソールに表示されている画像や文字をすべて消す関数です。プログラムの最初に呼び出しておくといいでしょう。

gfront関数はグラフィカルコンソールのウィンドウを最前面に移動する関数です。プログラムの起動時にグラフィカルコンソールが背面に隠れてしまうため、この関数で手前に出してやります。

```
main.cpp
001  #include <GConsoleLib.h>
002
003  int main(){
004     gfront();
005     gcls();
006     gimage("C:¥¥GConsole追加ファイル¥¥sampleimg¥¥chap3-0.png", 0, 0);
007  }
```

実行すると、いちいちタスクバーを使わなくてもグラフィカルコンソールのウィンドウが手前に表示されるようになるはずです。

3-1
グラフィカルコンソールを使ってみよう

＊グラフィカルコンソール利用関数

関数名	働き
ジープリントエフ **gprintf**	グラフィカルコンソールに文字を表示する。使い方はprintfと同じ。 **書式**：void gprintf(const char* _Format, ...); **引数 _Format**：書式文字列。
ジーダブリュープリントエフ **gwprintf**	グラフィカルコンソールに文字を表示する（ワイド文字版）。書式はwprintfと同じ（P.217参照）。 **書式**：void gwprintf(const wchar_t* _Format, ...); **引数 _Format**：書式文字列。
ジーイメージ **gimage**	グラフィカルコンソールに画像を表示する。 **書式**：void gimage(const char* fname, int x, int y); **引数 fname**：画像のファイルパス。 **引数 x, y**：画像を表示する座標。xは640未満、yは480未満まで。
ジーゲッツ **ggets**	グラフィカルコンソールから文字列を入力する。使い方はgets_sと同じ。 **書式**：char *ggets(char* _Buffer, size_t sizeInCharacters); **引数 _Buffer**：文字を記録するバッファ。 **引数 sizeInCharacters**：読み込みバッファのサイズ。 **返値**：取得に成功した場合は _Bufferをそのまま返す。失敗した場合はNULLを返す。
ジーゲットダブリューエス **ggetws**	グラフィカルコンソールから文字列を入力する（ワイド文字版）。使い方はgetws_sと同じ。 **書式**：wchar_t *ggetws(wchar_t* _Buffer, size_t sizeInCharacters); **引数 _Buffer**：文字を記録するバッファ。 **引数 sizeInCharacters**：読み込みバッファのサイズ。 **返値**：取得に成功した場合は _Bufferをそのまま返す。失敗した場合はNULLを返す。
ジーゲットキャラ **ggetchar**	グラフィカルコンソールから1文字入力する **書式**：char ggetchar(); **返値**：char型の文字コード。取得に失敗した場合はEOF (-1) を返す
ジーゲットダブリューキャラ **ggetwchar**	グラフィカルコンソールから1文字入力する（ワイド文字版） **書式**：wchar_t ggetwchar(); **返値**：wchar_t型の文字コード。取得に失敗した場合はWEOF (0xFFFF) を返す
ジーロケート **glocate**	グラフィカルコンソールのカーソルを移動。 **書式**：void glocate(int x, int y); **引数 x,y**：カーソルの座標。xは63まで。yは19まで。xは半角単位。
ジーカラー **gcolor**	グラフィカルコンソールの文字色を設定。 **書式**：void gcolor(int red, int green, int blue); **引数 red,green,blue**：赤・緑・青の色。0〜255
ジーフロント **gfront**	グラフィカルコンソールを最前面に表示。 **書式**：void gfront();
ジーシーエルエス **gcls**	グラフィカルコンソールの文字、画像、図形をすべて消去。 **書式**：void gcls();
ジーライン **gline**	グラフィカルコンソールに線を描画。色はgcolor関数で指定。 **書式**：void gline(int x1, int y1, int x2, int y2); **引数 x1,y1,x2,y2**：始点と終点の座標。
ジーポイント **gpoint**	グラフィカルコンソールに点（円）を描画。色はgcolor関数で指定。 **書式**：void gpoint(int x, int y, int hankei); **引数 x,y**：中心位置の座標。 **引数 hankei**：点のサイズ（半径）。
ジーボックス **gbox**	グラフィカルコンソールに四角形を描画。色はgcolor関数で指定。 **書式**：void gbox(int x, int y, int width, int height); **引数 x,y,width,height**：左上座標と幅、高さ。

☆ 画像を表示する位置を指定する

　gimage関数の2番目と3番目の引数は、画像を表示する位置を指定するためのものです。位置を指定するための数値を座標 (Coordinate) と呼びます。パソコンの画面はとても小さなピクセル (Pixel) という点が集まってできています。位置を指定するときは、一番左上のピクセルを (0, 0) として、そこから横と縦にピクセル何個分かを数えます。横方向の座標を x 座標、縦方向の座標を y 座標と呼びます。y 座標が増える方向を除けば、学校で習うグラフの座標と同じです。

　グラフィカルコンソールでは、ウィンドウの内側にある白い部分の左上が (0, 0) で、そこから右方向と下方向に数が増えていきます。内側部分のサイズは幅640×高さ480ピクセルなので、一番右下のピクセルの座標は (639, 479) になります。数えはじめが0ということに注意してください。

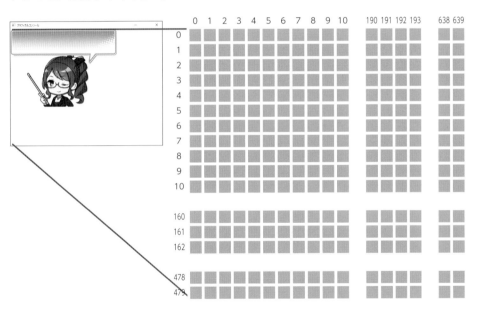

　ためしに画像を表示する座標を変えてみましょう。gimage関数に指定する座標は適当でもかまいません。

　画像をウィンドウの中央に表示させたいときは、画像の幅と高さを2で割って、ウィンドウの中央の座標 (320, 240) からそれらを引いた座標を指定します。また、ウィンドウの右端や下端に表示したいときは、x の最大値の639から画像の幅を引き、y の最大値の479から画像の高さを引いた座標を指定します。

```
main.cpp
001  #include <GConsoleLib.h>
002
003  int main(){
004    gfront();
005    gcls();
006    gimage("C:¥¥GConsole 追加ファイル¥¥sampleimg¥¥chap3-0.png", 190, 160);
007  }
```

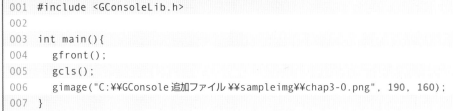

⤴ 画像の表示位置が変わった

位置をいろいろと変えて座標のイメージをつかんでください。

☆ 吹き出しの中にセリフを表示する

文字列を表示するgprintf関数の使い方は2章で説明したprintf関数とまったく同じです。ただし、glocate関数と組み合わせて使って、文字列を表示する位置を変えることができます。

```
main.cpp
001  #include <GConsoleLib.h>
002
003  int main(){
004    gfront();
005    gcls();
006    gimage("C:¥¥GConsole 追加ファイル¥¥sampleimg¥¥chap3-0.png", 100, 100);
007    glocate(12, 5);
008    gprintf(" わたしはメデ子先生。");
009  }
```

↰ 吹き出しの中にセリフが表示された

やっていることは2章とほとんど同じですが、イラストの女性がしゃべっているように見えますね。もちろん文字とイラストがぴったり合うよう、それぞれの座標を計算しておかなければ、うまく合いません。

glocate関数も横と縦の座標を指定しますが、座標の単位はピクセルではなく**文字数と行数**です。グラフィカルコンソールでは1文字のサイズは20×20ピクセル、行の高さ24ピクセルに固定されており、それを基準にした数で位置を指定します。ただし横は半角文字の位置も指定しなければいけないので、半分の10ピクセルが1となっています。

↰ 横は半角1文字（10ピクセル）単位、縦は1行（24ピクセル）単位。

ヘッダファイルGConsoleLib.hの中で、文字サイズを表すTEXTSIZE（テキストサイズ）(20) と行の高さ

3-1

グラフィカルコンソールを使ってみよう

81

を表す LINEHEIGHT(24) という２つの定数 (P.54参照) を定義してあるので、それを使えば画像との位置あわせが楽になります。

☆ 数値を入力できるようにしよう

今度は数値を入力できるようにしてみます。とりあえず２章でやった「分から時間を求める計算」をさせてみましょう。

```
main.cpp
001  #include <GConsoleLib.h>
002  #include <stdio.h>
003
004  int main(){
005      gfront();
006      gcls();
007      gimage("C:¥¥GConsole追加ファイル¥¥sampleimg¥¥chap3-0.png", 100, 100);
008      glocate(12, 5);
009      gprintf("わたしはメデ子先生。");
010      // 質問の表示
011      glocate(12, 6);
012      gprintf("知りたいのは何分かな？");
013      // 入力
014      int minutes;
015      char buf[128];
016      ggets(buf, 128);
017      sscanf_s(buf, "%d", &minutes);
018      // 答えの表示
019      glocate(12, 7);
020      gprintf("それは%.2f時間だね。", minutes / 60.0);
021  }
```

❶質問の表示

❷数値の入力

❸計算と答えの表示

わたしはメデ子先生.
知りたいのは何分かな？

入力待ち状態になると
カーソルが点滅する

❶質問の表示

1行下の (12, 6) に質問のメッセージを表示します。すでに説明したとおりですね。

❷数値の入力

グラフィカルコンソールにはgscanfといった関数はなく、gets関数 (P.64参照) と同じように文字列をそのまま入力する**ggets関数**しかありません。ユーザーが入力した数値を手に入れるには、ggets関数の文字列から数値を取り出す必要があります。

そのために使用するのが、標準ライブラリの**sscanf関数**です。sscanf関数のsはString (文字列) を表しており、変数に記憶した文字列に対してscanf関数を実行することができます。VSC2019には**sscanf_s**というセキュア関数 (P.62参照) が用意されているのでそちらを使います。

まとめると、scanf関数と同じ仕事をさせるには、まずggets関数でchar型の配列変数 (第4章参照) にユーザーが入力した文字列を記憶し、そこからsscanf_s関数で数値を取り出します。余計な処理が2つ増えましたが、理屈は同じです。

```
char buf[ 入力させたい文字列の長さ +1];          // 文字列を記憶する準備
ggets( buf, 入力させたい文字列の長さ +1 );          // 入力させる
sscanf_s( buf, " 書式文字列 ", 結果を返す変数…… );   // 数値を取り出す
```

❸結果の表示

　入力した数値を実数の60.0で割って時間を求め、gprintf関数で表示します。

☆ いろいろな計算をさせてみよう

　イラストに描かれている人物は、古代ギリシャの数学者アルキメデスの子孫のメデ子先生です (もしかすると関係ない人かもしれませんが……)。アルキメデスは円周率を計算したり、球の体積や表面積の求め方を考えたり、ネジを発明したりしました。また、裸でギリシャの町中を走り回ったりもしていたようです。

　アルキメデスにちなんで、円の半径から円周の長さを求める計算をさせてみましょう。円周の求め方は「2 π r」ですから (πは円周率、r は半径)、そのとおりに式を書けばいいですね。円周率は定数PIEを定義しておきます (P.54参照)。

main.cpp

```
001  #include <GConsoleLib.h>
002  #include <stdio.h>
003  #define PIE 3.14159265
004
005  int main(){
006      gfront();
007      gcls();
008      gimage("C:¥¥GConsole 追加ファイル ¥¥sampleimg¥¥chap3-0.png", 100, 100);
009      glocate(12, 5);
010      gprintf(" わたしはメデ子先生。");
011      // 質問の表示
012      glocate(12, 6);
013      gprintf(" 円の半径は何 cm かな? ");
014      // 入力
015      double hankei;
016      char buf[128];
017      ggets(buf, 128);
018      sscanf_s(buf, "%lf", &hankei);
```

```
019      // 答えの表示
020      glocate(12, 7);
021      gprintf(" 円周の長さは %.2fcm だね。", hankei * 2 * PIE);
022    }
```

◀ 円の半径を求める

今度は球の体積を求めてみましょう。球の体積を求める公式は「$4 \pi r^3 \div 3$」です。半径の三乗は「hankei * hankei * hankei」として半径を3回掛けて求めてもよいのですが、代わりに標準ライブラリのpow関数を使ったほうが簡単です。powは英語で累乗を意味するPower の略です。

＊pow関数の書き方

pow(累乗する数値 , 乗数);

半径を三乗したい場合は、「pow(hankei, 3)」と書けばいいわけです。pow関数を使うにはヘッダファイル math.h をインクルードします。

main.cpp

```
001  #include <GConsoleLib.h>
002  #include <stdio.h>
003  #include <math.h>
004  #define PIE 3.14159265
005
006  int main(){
007     gfront();
008     gcls();
009     gimage("C:¥¥GConsole 追加ファイル ¥¥sampleimg¥¥chap3-0.png", 100, 100);
010     glocate(12, 5);
011     gprintf(" わたしはメデ子先生。");
```

3-1
グラフィカルコンソールを使ってみよう

```
012     // 質問の表示
013     glocate(12, 6);
014     gprintf(" 球の半径は何 cm かな？ ");
015     // 入力
016     double hankei;
017     char buf[128];
018     ggets(buf, 128);
019     sscanf_s(buf, "%lf", &hankei);
020     // 答えの表示
021     glocate(12, 7);
022     gprintf(" 球の体積は %.2f 立方 cm だね。", 4 * PIE * pow(hankei, 3) / 3);
023  }
```

🔄 球の体積を求める

　　これでメデ子先生の出番はおしまいですが、他にも学校で習った公式などをC言語の式
に直していろいろな計算をさせてみてくださいね。

コラム グラフィカルコンソールの秘密

グラフィカルコンソールは、1つのプログラムのように動いていても、実際は2つの別のプログラムなので、いくつか注意しなければいけない点があります。

❶グラフィカルコンソールは先に起動しておくこと

グラフィカルコンソールを起動せずにgprintfなどのグラフィカルコンソール利用関数を呼び出すと、「グラフィカルコンソールが見つかりません」というメッセージを表示してプログラムを終了してしまいます。

❷gimage関数ではファイルパスを省略できない

gimage関数では実際に読み込みを実行するのはグラフィカルコンソールなので、フォルダ名などを省略すると読み込めません (P.235参照)。

❸文字入力中はコピー＆ペースト禁止

文字を入力するときに、グラフィカルコンソールからコマンドプロンプトへ**クリップボード**を使って入力文字列を送っています。クリップボードはすべてのプログラムが利用するので、グラフィカルコンソールで入力待ちのときにテキストエディタで文字をコピーすると、それがコマンドプロンプトに送られてしまいます。

3-2

条件によって何をするかを変える

条件によって処理を変えることを「条件分岐」といいます。C言語で条件分岐するには「if文」を使用します。「関係演算子」と組み合わせて、条件を満たしたときと満たさないときで実行する処理を変えることができます。

☆「ファイルの保存」は意外と深い

　ここからは本題の条件分岐の説明をはじめます。分岐とは枝分かれのことで、条件分岐は何かの条件によってプログラムの流れが2とおりや3とおりに分かれていくことを表します。まずは条件分岐とはどんなものかを知ってもらうために、日常的なプログラムで使われる例を紹介しましょう。

　ほとんどのプログラムには、**ファイルを保存する機能**が付いていますね。ファイルの保存には「上書き保存」と「名前を付けて保存」の2種類がありますが、まだ一度も保存していない状態で「上書き保存」を選ぶと、**名前を付けて保存ダイアログボックスが表示されます**。また、最新の状態を保存しないでプログラムを終了しようとすると、「**保存しますか？**」などの質問メッセージが表示されます。しかし、すでに保存してある場合はメッセージを表示せずにすぐに終了します。

　要するに、確実にファイルが保存されるよう、注意してくれているのです。

🔄 新たに保存するときや保存せずに終了しようとしたときは、ダイアログボックスやメッセージが表示される

このファイルを保存する処理には、条件分岐が使われています。

「上書き保存」のときは「ファイル名が決まっているかどうか」という条件をチェックして、

- 「決まっていなかったら保存ダイアログボックスを表示」
- 「決まっていたら上書き保存する」

という2つの処理に分岐しています。

また、プログラムを終了するときは、まず「現在のデータが保存されているかどうか」という条件をチェックして、

- 「保存されていなければメッセージを表示する」
- 「保存されていれば終了」

という2つの処理に分岐します。さらにメッセージの「保存する」「保存しない」「キャンセル」のどれをクリックしたかで処理が分岐します。

ややこしいので図にして整理してみましょう。

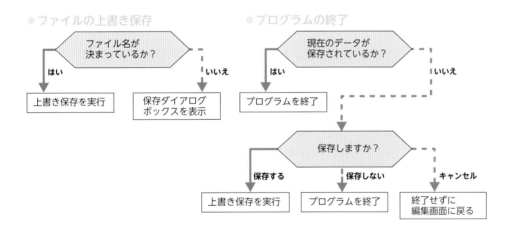

*ファイルの上書き保存

ファイル名が決まっているか？
はい → 上書き保存を実行
いいえ → 保存ダイアログボックスを表示

*プログラムの終了

現在のデータが保存されているか？
はい → プログラムを終了
いいえ →

保存しますか？
保存する → 上書き保存を実行
保存しない → プログラムを終了
キャンセル → 終了せずに編集画面に戻る

ふだん何気なく使っている当たり前の機能でも、使いやすくなるよう細かく条件分岐されているのですね。コンピュータは何も考えません。ですから、プログラマーはユーザーがやりそうなあらゆる行動を想像してプログラムを作らなければいけないのです。

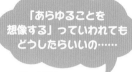

「あらゆることを
想像する」っていわれても
どうしたらいいの……

「保存するかやめようか
迷ってますボタン」
とかもいるかも

☆ if 文と関係演算子

　ここからは新しいサンプルになるので、新たにプロジェクト「chap3-1」を作成してソースコード「main.cpp」を追加してください。やり方は「chap3-0」と一緒です (P.70 〜 73 参照)。

⊕ プロジェクト「chap3-1」を作成して「main.cpp」を追加

　C言語では条件分岐をする文法がいくつかありますが、一番の基本は if 文です。if は英語で「もしも○○ならば」という意味です。if文は「( )」の中が**0以外の数値**なら次に続く処理を実行し、**0ならスキップ**してその次の文に進みます。

＊if文の書き方

```
if( 変数や式 )  条件を満たしたときに実行する処理 ;
```

次のソースコードでは、4行目のprintf関数は実行されますが、5行目は実行されません。

```cpp
main.cpp
001  #include <stdio.h>
002
003  int main(){
004      if(1) printf("満たされています¥n");
005      if(0) printf("満たされていません¥n");
006  }
```

```
C:¥WINDOWS¥system32¥cmd.exe
満たされています
続行するには何かキーを押してください . . .
```

○「満たされていません」は表示されない

　でもこれでは5行目を書かなかったのと同じですね。if文は関係演算子（Relational operator、比較演算子ともいう）と組み合わせて使います。関係演算子は条件が満たされていたら1、満たされていなければ0を返す演算子で、次の5種類があります。

* 関係演算子

演算子	意味	例
==（イコール2つ）	等しい	a == 5 （aは5と等しい）
!= （びっくりマークとイコール）	等しくない	a != 5 （aは5と等しくない）
<（小なり）	より小さい	a < 5 （aは5より小さい）
<=（小なりイコール）	以下	a <= 5 （aは5以下）
>（大なり）	大きい	> 5 （aは5より大きい）
>=（大なりイコール）	以上	a >= 5 （aは5以上）

コラム 文と関数

　ifは「関数」ではなく「文（Statement）」です。関数は後から定義して追加するものですが、「文」は最初からC言語の基本要素として組み込まれており、ヘッダファイルの読み込みなどの準備なしで使うことができます。

3-2 条件によって何をするかを変える

次のソースコードでは、変数aを5で初期化し、関係演算子で数値と比較した結果をそのまま表示したり、if文の条件に使用したりしています。

```cpp
main.cpp
001  #include <stdio.h>
002
003  int main(){
004      int a = 5;
005      printf("%d\n", a >= 6);
006      printf("%d\n", a < 6);
007      printf("%d\n", a == 6);
008
009      if(a >= 6) printf("満たされています\n");
010      if(a < 6) printf("とても満たされています\n");
011      if(a == 6) printf("すごく満たされています\n");
012  }
```

```
C:\WINDOWS\system32\cmd.exe
0
1
0
とても満たされています
続行するには何かキーを押してください . . .
```
◎ 実行結果

　5行目の「a >= 6」は「5 >= 6」になるので条件は満たされず、結果は0になります。
　6行目の「a < 6」は「5 < 6」になるので条件が満たされて、結果は1になります。
　7行目の「a == 6」は「5 == 6」になるので条件は満たされず、結果は0になります。
　9～11行目は条件の式をif文で使った例です。結果が1になる10行目のprintf関数だけが実行されています。

　変数aに代入する数値を5から6に変えてみましょう。5行目と7行目が1になり、9行目と11行目のprintf関数が実行されます。1カ所を変えただけで、結果が正反対になりましたね。

```
C:\WINDOWS\system32\cmd.exe
1
0
1
満たされています
すごく満たされています
続行するには何かキーを押してください . . .
```
◎ 変数aの内容によって結果が変わる

92

　条件を満たした状態のことを**真 (True)**、条件を満たしていない状態のことを**偽 (False)**
といいます。「0以外」と「0」では紛らわしいので、今後は「真」「偽」と書きます。

☆ 条件が満たされていないときに処理を実行する

　if文では条件が満たされてない場合、次の行に進みます。つまり、条件を満たしても満た
していなくても次の行には進みます。

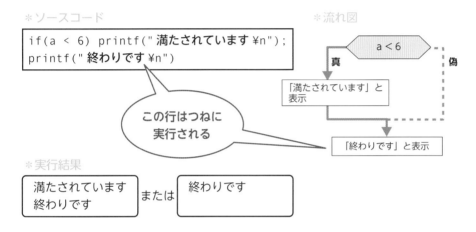

＊ソースコード

```
if(a < 6) printf(" 満たされています ¥n");
printf(" 終わりです ¥n")
```

この行はつねに実行される

＊流れ図

a < 6 / 真 / 偽
「満たされています」と表示
「終わりです」と表示

＊実行結果

| 満たされています 終わりです | または | 終わりです |

　では、**条件が満たされてないときだけ実行**したい処理がある場合はどうするのでしょう
か。そういうときはif文の後に**else文**を書きます。elseは英語で「そうでないなら」とい
う意味です。

＊else文の書き方

```
if( 変数や式 ) 条件を満たしたときだけ実行する処理 ;
else  条件を満たしていないときだけ実行する処理 ;
```

　ではelse文を使ったソースコードを書いてみましょう。次のソースコードでは6行目
の条件は満たされないため、7行目のelse文の後のprintf関数が実行されてから8行目の
printf関数が実行されます。

3-2

条件によって何をするかを変える

main.cpp

```
001  #include <stdio.h>
002
003  int main(){
004      int a = 5;
005
006      if(a >= 6) printf("満たされています\n");
007      else printf("満たされていません\n");
008      printf("終わりです\n");
009  }
```

C:\WINDOWS\system32\cmd.exe

満たされていません
終わりです
続行するには何かキーを押してください . . .

⊙「満たされていません」と表示された後に「終わりです」が実行される

変数 a を 6 に変えて実行すると、今度は 6 行目の条件が満たされるため、6 行目の printf 関数が実行されてから 7 行目の else 文をスキップして、8 行目の printf 文が実行されます。

C:\WINDOWS\system32\cmd.exe

満たされています
終わりです
続行するには何かキーを押してください . . .

⊙「満たされています」と表示された後に「終わりです」が実行される

↑ 条件が満たされていなかったら else 文の出番

☆ グラフィカルコンソールで色を指定する

　次はグラフィカルコンソールを使って、if文を使った簡単なゲーム画面のようなものを作りましょう。このサンプルでは**桃太郎**をモチーフにし、犬にキビ団子をあげる数によって、お供になるか、かまれるかを分岐させることにします。

↑ 初期画面　　↑ お供になったとき

↑ かまれた

　まずは初期画面を作ります。ウィンドウの中央あたりに画像を表示し、その上下に文字列を表示します。gimage関数の使い方はP.74を参考にしてください。

main.cpp

```
001  #include <GConsoleLib.h>
002  #include <stdio.h>
003
004  int main(){
005      gfront();
006      gcls();
007
008      gimage("C:¥¥GConsole追加ファイル¥¥sampleimg¥¥chap3-1-1.png",160,80);
009      glocate(16, 2);
010      gprintf(" 犬子「わたしをお供にしてください」");
011      gcolor(255,0,0);
012      glocate(16, 17);
013      gprintf(" きびだんごをいくつあげますか？");
014  }
```

◯ 初期画面

　ほとんどこれまでに説明した関数の組み合わせですが、11行目の gcolor 関数で質問文の色を赤にしています。gcolor 命令は赤、緑、青の**3色の光の強さ**を指定して目的の色を作り出します。

＊gcolor 関数の使い方

```
gcolor（ 赤色の強さ ， 緑色の強さ ， 青色の強さ ）;
```

　パソコンのモニタを虫眼鏡で拡大して見ると（目を痛めるので長時間は見ないでください）、赤、緑、青の3つの点がビッシリと並んでいるのがわかります。gcolor 関数はその点から出る光の強さを指定しているのです。

　光の強さは1色8ビットで記録するので各引数の数値は0 ～ 255で指定します。3つの数値の組み合わせによって、256の3乗＝16,777,216色を表現することができます。

＊よく使われる色

赤	緑	青	表示される色
0	0	0	黒
255	0	0	明るい赤
128	0	0	暗い赤
0	255	0	明るい緑
0	128	0	暗い緑
0	0	255	明るい青
0	0	128	暗い青
255	255	0	明るい黄色
0	255	255	明るい水色
255	0	255	明るい紫
128	128	128	暗い灰色
255	255	255	白

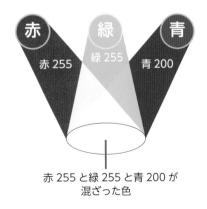

赤 255 と緑 255 と青 200 が
混ざった色

if文で実行したい処理が2行以上ある場合は？

　次にキビ団子の数を入力させ、3個以上なら「犬がお供になった」というメッセージを表示し、3個より少なければ「かまれました！」というメッセージと絵を表示する処理を書きます。

　すでに説明したif文とelse文やgimage関数などを組み合わせればいいことは予想が付くと思いますが、ひとつ問題があります。

　先ほどのif文の例では、条件を満たしたときまたは満たしていないときに実行する処理はprintf関数の1文だけでした。しかしグラフィカルコンソールでメッセージと絵を表示するには、最低でもgimage関数とglocate関数、gprintf関数を書くための3文は必要です。文字の色も黒に戻したいので、gcolor関数を加えれば4文ですね。

　if文の条件によって**複数の文の処理を行わせたい場合**は、if文やelse文の後に「{ }（中カッコ）」を使ったブロックを書きます。

```
if( 変数または式 ){
        条件を満たしたときに実行する処理
} else {
        条件を満たさないときに実行する処理
}
```

　早速やってみましょう。変数kazuに入力された数値を代入し、それを「kazu >= 3」という式でチェックします。

```
main.cpp
001 #include <GConsoleLib.h>
002 #include <stdio.h>
003
004 int main(){
005     gfront();
006     gcls();
007
008     gimage("C:\\GConsole追加ファイル\\sampleimg\\chap3-1-1.png",160,80);
009     glocate(16, 2);
010     gprintf(" 犬子「わたしをお供にしてください」");
011     gcolor(255, 0, 0);
012     glocate(16, 17);
013     gprintf(" きびだんごをいくつあげますか？ ");
```

```
014    // 入力
015    int kazu;
016    char buf[128];
017    ggets(buf, 128);
018    sscanf_s(buf, "%d", &kazu);
019    // 条件分岐
020    if(kazu >= 3){
021        gcolor(0, 0, 0);
022        glocate(16, 18);
023        gprintf(" 犬がお供になりました ");
024    } else {
025        gcls();
026        gimage("C:¥¥GConsole 追加ファイル ¥¥sampleimg¥¥chap3-1-2.png",160,80);
027        glocate(16, 2);
028        gprintf(" かまれました！ ");
029    }
030 }
```

犬子「わたしをお供にしてください」

きびだんごをいくつあげますか？■

かまれました！

がぶっ

◎「2」と入力して Enter を押す
と、犬にかまれるメッセー
ジと絵が表示される

　ブロック付きのif文を入力するときは、先にブロックを書いてから中身を書くようにすれば、「{ }」の付け忘れなどの書き間違いを避けやすくなります。

```
gcolor(255, 0, 0);
glocate(16, 17);
gprintf("きびだんごをいくつあげますか？");
//入力
int kazu;
char buf[128];
ggets(buf, 128);
sscanf_s(buf, "%d", &kazu);
//条件分岐
if (kazu >= 3) {

} else {

}
}
```

```
gcolor(255, 0, 0);
glocate(16, 17);
gprintf("きびだんごをいくつあげますか？");
//入力
int kazu;
char buf[128];
ggets(buf, 128);
sscanf_s(buf, "%d", &kazu);
//条件分岐
if (kazu >= 3) {
    gcolor(0, 0, 0);
    glocate(16, 18);
    gprintf("犬がお供になりました");
} else {
```

◎ 先にif文のブロックを書いてから中身を書く

3個以上の条件は、「kazu >= 3」と書く代わりに「kazu > 2」としてもいいですね。次のように「kazu < 3」を条件にして、満たさないときと満たすときの処理を入れ替えてもかまいません。どちらを先にするかは自由です。

```
019    // 条件分岐
020    if(kazu < 3){
021      gcls();              // 満たさないときの処理
022      gimage("C:¥¥GConsole 追加ファイル ¥¥sampleimg¥¥chap3-1-2.png",160,80);
023      glocate(16, 2);
024      gprintf(" かまれました！ ");
025    } else {
```

if文ではなるべくブロックを書こう

P.91 ～ 94のサンプルでは、説明の都合でif文の後に続けてprintf文を書きましたが、実行する処理が1文でもブロックにしたほうがいいとされています。

なぜなら、

- 条件式が長くて改行した場合、次に処理する文との見分けが付きにくくなる
- 後から実行する文を足したときにブロックを書き忘れやすい

といった理由があるからです。

＊ブロックを書いていないと……

```
if(kazu >= 3)
  gprintf(" 犬がお供になりました ");
```

＊後から行を追加したときにミスをおかしやすい

```
if(kazu >= 3)
  gcolor(0,0,0);
  glocate(16,18);
  gprintf(" 犬がお供になりました ");
```

これらの行は
「条件を満たしたときに
実行する処理」にならない！

if文のブロック忘れはコンパイルエラーにならないため、原因がとても探しにくくなります。かなり短いものなら1行で書いたほうがすっきりする場合もありますが、基本的にブロックを書く習慣を付けるようにしましょう。

もっと高度な条件分岐に挑戦しよう

if文をいくつか組み合わせれば、もっと複雑な条件分岐ができるようになります。ただし、ブロックをいくつも入れ子にすると読みにくくなるので、代わりに論理演算子で済ませられるか検討しましょう。

☆「多すぎてもダメ」にする

何にでも「適量」というものがあり、少なくても困りますが、多くても迷惑な場合があります。今回のプログラムではキビ団子が少ないとお供になってくれないようにしましたが、かといって100個や1000個もらっても困りますよね。そこで、100個以上あげたら犬が帰ってしまうプログラムにしてみましょう。

この場合、「お供になる」「かまれる」「帰ってしまう」の3つに分岐するプログラムになります。1つのif文では2つにしか分岐できないので、if文を2つ組み合わせなければいけません。組み合わせ方は次のように何パターンか考えられます。

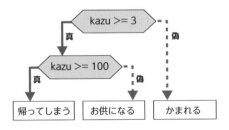

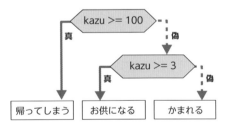

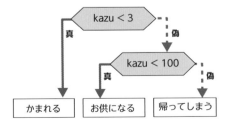

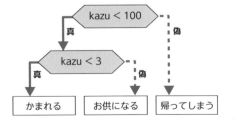

　どのパターンでも結果は同じなので、ここは前のソースコードから修正しやすい左上の
パターンを選びましょう。左上のパターンでは、最初の分岐の「はい」の先に次の分岐があ
ります。そのため、if文のブロックの中にif文を書きます。

main.cpp

```
001  #include <GConsoleLib.h>
002  #include <stdio.h>
003
004  int main(){
005    gfront();
006    gcls();
007
008    gimage("C:¥¥GConsole 追加ファイル ¥¥sampleimg¥¥chap3-1-1.png",160,80);
009    glocate(16, 2);
010    gprintf(" 犬子「わたしをお供にしてください」");
011    gcolor(255, 0, 0);
012    glocate(16, 17);
013    gprintf(" きびだんごをいくつあげますか？ ");
014    // 入力
015    int kazu;
016    char buf[128];
017    ggets(buf, 128);
018    sscanf_s(buf, "%d", &kazu);
019    // 条件分岐
020    if(kazu >= 3){
021      if(kazu >= 100){
022        gcls();
023        gimage("C:¥¥GConsole 追加ファイル ¥¥sampleimg¥¥chap3-1-3.png",160,80);
024        glocate(16, 2);
025        gprintf(" 犬は帰ってしまいました ");
026      } else {
027        gcolor(0, 0, 0);
028        glocate(16, 18);
029        gprintf(" 犬がお供になりました ");
030      }
031    } else {
032      gcls();
033      gimage("C:¥¥GConsole 追加ファイル ¥¥sampleimg¥¥chap3-1-2.png",160,80);
034      glocate(16, 2);
035      gprintf(" かまれました！ ");
036    }
037  }
```

3-3

もっと高度な条件分岐に挑戦しよう

犬子「わたしをお供にしてください」

きびだんごをいくつあげますか？100

犬は帰ってしまいました

🔵 キビ団子を100個あげたら犬が帰ってしまった

　20行目のif文の条件が真だったら21行目に進み、2つ目のif文が実行されます。2つ目のif文が真なら22行目の処理が、偽ならelseの次の27行目に進みます。ソースコードと流れ図をくっつけるとこんな感じです。

```
020    if (kazu >= 3){
021        if(kazu >= 100){
022            犬が帰ってしまう処理
026        } else {
027            犬がお供になる処理
030        }
031    } else {
032        犬にかまれる処理
036    }
```

　お供になったときの処理は、2つめのif文のelse文のブロックに入れるため、1タブ下げています。入力済みの行をタブ下げするときは、Shift + ↑↓ で範囲選択してから Tab キーを押すとすばやく下げられます。タブ上げしたいときは Shift + Tab を押します。

🔼 範囲選択して Tab キーを押す　　🔼 1タブ分下がった

↑if文を組み合わせれば、3つ4つに分岐できる

if文の代わりに使える条件演算子

条件演算子(Conditional Operator)は、条件によって変数に代入する内容を変える演算子です。「?(はてなマーク)」と「:(コロン)」という2つの記号を組み合わせて使います。式や値を書く場所が3つあるので、三項演算子とも呼びます。

＊条件演算子の書き方

```
変数 ＝ 条件の式 ? 真のときの値 : 偽の時の値
```

次の例は、変数aが負の数なら変数bに-1を、aが正の数ならbに1を代入します。if文で書くと3行かかるものを条件演算子なら1行で書けてしまうのです。

```
int b;                      //if 文だと 3 行必要
if( a < 0) b = -1;
else b = 1;
int b = a < 0 ? -1 : 1;     // 条件演算子なら 1 行
```

条件演算子を使えばソースコードを短くできますが、組み合わせて使う式が複雑だと読みにくくなってしまいます。シンプルに書けるときだけ使うようにしたほうがいいでしょう。

```
b = a < 5 || a > 100 ? a * 100 : -b;        // 条件演算子だとわかりにくい

if(a < 5 || a > 100) b = a * 100;           //if 文のほうが見やすい
else b = -b;
```

☆ 2つの条件をひとつの if 文で使う

　3個未満でも100個以上でもお供になってくれないということは、犬がお供になる条件は3個以上、100個未満です。先の例では3つに分岐していましたが、これがお供になるかならないかだけの2分岐だったら、条件が2つあっても**論理演算子** (Logical Operator) を使って1つの if 文にまとめることができます。

　論理演算子は左右にある数値や式の真 (0以外)、偽 (0) の状態をチェックして、真または偽の状態を返す演算子です。

＊論理演算子

演算子	別名	働き
&&(アンド2つ)	論理積、アンド	左右両方が真のとき真になる。それ以外は偽。
||(バー2つ)	論理和、オア	左右どちらかが真なら真になる。両方とも偽のときだけ偽。
!(ビックリマーク)	論理否定、ノット	真を偽にする。偽は真にする。

　実際の働きを見てみましょう。main.cppに次の文を加えて実行してみてください。printf関数を使っているので、結果はグラフィカルコンソールではなく、コマンドプロンプトのほうに表示されます。

```
main.cpp
001  #include <GConsoleLib.h>
002  #include <stdio.h>
003
004  int main(){
005      printf("%d\n", 1 && 1);
006      printf("%d\n", 1 && 0);
007      printf("%d\n", 1 || 0);
008      printf("%d\n", 0 || 0);
009      printf("%d\n", !0);
010      printf("\n");
011
012      gfront();
013      gcls();
014
015      gimage("C:\\GConsole追加ファイル\\sampleimg\\chap3-1-1.png",160,80);
016      glocate(16, 2);
                        ……後略……
```

```
C:L  C:¥WINDOWS¥system32¥cmd.exe
1
0
1
0
1

**bring to front
**clear screen
**gimage = C:¥GConsole追加ファイル¥sampleimg¥chap3-1-1.p
**glocate = 100002
```

↩ 実行結果

5、6行目では**&&（アンド）演算子**の結果を表示しています。&& 演算子は両方が真のときだけ真になる演算子なので、「1 && 1」の結果は1、「1 && 0」の結果は0になります。

7、8行目では**｜｜（オア）演算子**の結果を表示しています。｜｜演算子はどちらかが真なら真になる演算子なので、「1 ｜｜ 0」の結果は1、「0 ｜｜ 0」の結果は0になります。

9行目は**!（ノット）演算子**です。!演算子は右にある数値の真と偽をひっくり返したものを返すので、「!0」の結果は1になります。また、「!1」や「!5」のように真の数値を渡すと0になります。

*&& 演算子の働き

*｜｜演算子の働き

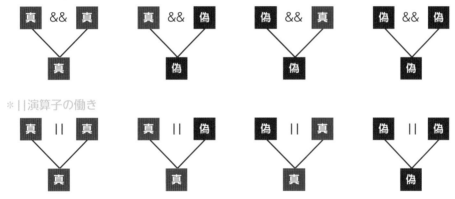

論理演算子の&&と｜｜を使えば、関係演算子を使った**複数の式をまとめてひとつの式に**することができます。

たとえば、**すべての条件式の結果が真になったとき**だけ処理を実行させたい場合は、次のように書きます。

```
if( 条件式 && 条件式 && 条件式 ){
        実行する処理
}
```

また、条件式のどれかひとつでも真になったときに処理を実行させたい場合は、次のように書きます。

```
if( 条件式 || 条件式 || 条件式 ){
        実行する処理
}
```

今回のプログラムで使ってみましょう。「3個以上かつ100個未満」という条件を満たすときはお供になる、それ以外はかまれる場合は次のように書くことができます。

```
main.cpp
001  #include <GConsoleLib.h>
002  #include <stdio.h>
003
004  int main(){
005      gfront();
006      gcls();
007
008      gimage("C:¥¥GConsole追加ファイル¥¥sampleimg¥¥chap3-1-1.png",160,80);
009      glocate(16, 2);
010      gprintf(" 犬子「わたしをお供にしてください」");
011      gcolor(255, 0, 0);
012      glocate(16, 17);
013      gprintf(" きびだんごをいくつあげますか？ ");
014      // 入力
015      int kazu;
016      char buf[128];
017      ggets(buf, 128);
018      sscanf_s(buf, "%d", &kazu);
019      // 条件分岐
020      if(kazu >= 3 && kazu < 100){
021          gcolor(0, 0, 0);
022          glocate(16, 18);
023          gprintf(" 犬がお供になりました ");
024      } else {
025          gcls();
026          gimage("C:¥¥GConsole追加ファイル¥¥sampleimg¥¥chap3-1-2.png",160,80);
027          glocate(16, 2);
028          gprintf(" かまれました！ ");
029      }
030  }
```

犬子「わたしをお供にしてください」

きびだんごをいくつあげますか？▊20

かまれました！

がぶっ

⊕入力した数が3個以上100個未満の
間に入っていないとかまれる

「3個以上かつ100個未満」という条件は、逆に「3個未満または100個以上」と書くこと
もできます。

```
019  // 条件分岐
020  if(kazu < 3 || kazu >= 100){
021      gcls();
022      gimage("C:¥¥GConsole追加ファイル¥¥sampleimg¥¥chap3-1-2.png",160,80);
023      glocate(16, 2);
024      gprintf("かまれました！");
025  } else {
026      gcolor(0, 0, 0);
027      glocate(16, 18);
028      gprintf("犬がお供になりました");
029  }
```

真と偽の処理を逆にする

このセクションで説明したことを整理すると、

- 3つ以上に分岐するときは、if文を複数組み合わせる
- 2つに分岐するときは、&&演算子や||演算子で条件をまとめられるかもしれない

となります。

条件の組み合わせ方にはいろいろなパターンがあり、状況に応じて使い分けなければい
けません。悩んでしまうかもしれませんが、まずは「いくつに分岐するのか」を考えるよう
にしましょう。

3-3

もっと高度な条件分岐に挑戦しよう

コラム

演算子の優先順位に注意！

　関係演算子や論理演算子など、さまざまな演算子が出てきましたが、これらには優先順位が決められています。たとえば「a = b * 6 + c * 2」という式を書いた場合、まず「b * 6」と「c * 2」が先に計算され、その結果が足されて、最後に変数aに代入されます。それは演算子の優先順位が「*」「+」「=」の順番になっているからです。優先順位が同じ場合、たいていは左にあるものが先に処理されます。

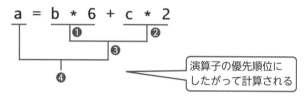

演算子の優先順位にしたがって計算される

　関係演算子や論理演算子の優先順位はかなり下の方なので、必要に応じて「(a < 5) && (a < 20)」といった具合に先に計算させたいものをカッコで囲んでください。

＊演算子の優先順位

順位	演算子	働き
1	( )	関数のカッコ
	[ ]	配列変数の添え字 (P.132 参照)
	.	構造体のメンバ変数にアクセス (P.248 参照)
	->	構造体ポインタのメンバ変数にアクセス (P.258 参照)
	++	インクリメント演算子 (変数の後) (P.56 参照)
	--	デクリメント演算子 (変数の後)
2	++	インクリメント演算子 (変数の前)
	--	デクリメント演算子 (変数の前)
	sizeof	サイズオブ演算子 (P.223 参照)
	&	アドレス演算子 (P.270 参照)
	*	逆参照演算子 (P.270 参照)
	+	正の数を表す演算子
	-	負の数を表す演算子
	~	ビット演算子 (否定)
	!	論理否定演算子 (P.104 参照)
3	( )	キャストにつかうカッコ (P.52 参照)
4	*	かけ算の演算子
	/	割り算の演算子

順位	演算子	働き
4	%	割り算の余りを求める演算子 (P.56 参照)
5	+	足し算の演算子
	-	引き算の演算子
6	<<	左シフト演算子
	>>	右シフト演算子
7	<	関係演算子 (小さい)
	>	関係演算子 (大きい)
	<=	関係演算子 (以下)
	>=	関係演算子 (以上)
8	==	等価演算子 (等しい)
	!=	等価演算子 (等しくない)
9	&	ビット演算子 (AND)
10	^	ビット演算子 (XOR)
11	|	ビット演算子 (OR)
12	&&	論理演算子 (AND)
13	||	論理演算子 (OR)
14	? :	条件演算子 (P.103 参照)
15	=	代入演算子 (+=や*=なども含む)
16	,	順次演算子 (P.123 参照)

3-4

switch文で複数の分岐をきれいに書く

3個の選択肢から1つ選ぶような処理を書くときは、if文ではなくswitch文を使うこともできます。switch文には制限がありますが、if文を何個も組み合わせて書くよりも、すっきりとわかりやすく書くことができます。

☆ 選択肢をif文で分岐させると……

ゲームでは「いくつかの選択肢から選ぶ」操作がよくあります。たとえば、トランプのカードを1枚選ぶとか、キャラクターや乗り物を選ぶといったものです。この場合、選択肢によって複数に分岐しますから、if文で処理すると次の図のようになります。

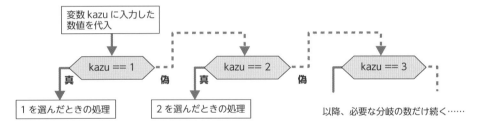

偽の場合に次のif文が来るので、else文の後にif文を書くことになります。else文のブロックは省略して、「else if」と続けて書きます。

```
001  // 条件分岐
002  if(kazu == 1){
003      //1 を選んだときの処理
004  } else if(kazu == 2){
005      //2 を選んだときの処理
006  } else if(kazu == 3){
007      //3 を選んだときの処理
008  } else if(kazu == 4){
009      以降、必要な分岐の数だけ続く……
```

　これでも問題なく動くのですが、「else if(kazu == ○○)……」を繰り返し書かなければいけないのが面倒です。

☆ switch 文を使ってみよう

　こういうときはswitch文を使ってみましょう。switch文は1つの変数の値によって複数に分岐することができます。switch文の「( )」に変数を書くと、変数の内容と等しいcase文の処理を実行します。どのcase文とも一致しない場合、default文の後の処理が実行されます。default文は省略可能です。

＊switch文の書き方

```
switch( 変数 ){
case 数値 1:
        ……処理 1……
        break;
case 数値 2:
        ……処理 2……
        break;
case 数値 3:
        ……処理 3……
        break;


default:
        ……どの case 文とも一致しない場合の処理……
}
```

　「case 数値」の後は「;(セミコロン)」ではなく「:(コロン)」なので注意してください。
　また、case文の処理の最後にはbreak文を置かなければいけません。break文はブロックから脱出する働きをするため、これがないと次のcase文の処理が続けて実行されてしまいます。逆にその性質を利用して、2つ以上の数値を条件にすることもできます。

＊2つ以上の数値を条件にするときの書き方

```
case  数値 1:
case  数値 2:
        ……数値 1 または数値 2 のときに行う処理……
        break;
```

　case文はif文よりすべての面で優れているというわけではありません。次のような制限もあります。

- 比較の対象になる変数は1つだけ
- しかも型は整数でなければいけない
- 等しいか等しくないかしかチェックできない（＜や＞の比較はできない）
- case文の後に書けるのはリテラルか定数。変数は書けない

　この制限に引っかかる場合は、最初に説明した「if〜else if〜else if〜」で分岐させることになります。

　しかし制限があるとはいえ、整数の変数で分岐するという処理はゲームに限らずよく使われます。たとえば、ウィンドウアプリケーションではメニューやボタンからコマンドを選んで機能を実行しますが、この分岐にswitch文を使います。コマンドごとに番号を割り当てておいて、「swtich(コマンド番号){」「case 1: ファイルを開く処理」「case 2：ファイルを保存する処理」といった具合に書くのです。

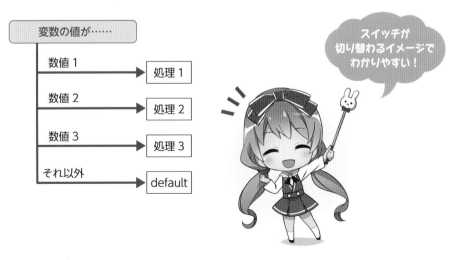

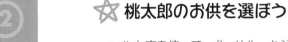

☆ 桃太郎のお供を選ぼう

switch文を使って、犬、サル、キジの中からお供をひとり選ぶプログラムを書いてみましょう。新たにプロジェクト「chap3-2」を作成してソースコード「main.cpp」を追加してください (P.70 ～ 73参照)。

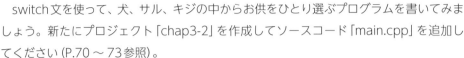

⬆ プロジェクト「chap3-2」を作成して「main.cpp」を追加

まず初期画面を作ります。初期画面には犬、サル、キジのイラストと、「誰をお供にしますか？」という質問文を表示します。

```cpp
main.cpp

001  #include <GConsoleLib.h>
002  #include <stdio.h>
003
004  int main(){
005      gcls();
006      gfront();
007
008      gimage("C:¥¥GConsole 追加ファイル ¥¥sampleimg¥¥chap3-2-1.png", 80, 160);
009      gimage("C:¥¥GConsole 追加ファイル ¥¥sampleimg¥¥chap3-2-2.png", 240, 190);
010      gimage("C:¥¥GConsole 追加ファイル ¥¥sampleimg¥¥chap3-2-3.png", 390, 160);
011      glocate(10, 4);
012      gprintf(" 誰をお供にしますか （犬＝ 1、サル＝ 2、キジ＝ 3） ？ ");
013  }
```

誰をお供にしますか（犬=1、サル=2、キジ=3）？

↟ 初期画面

次に数値を入力する処理と、switch文による分岐を書きます。

3-4

switch文で複数の分岐をきれいに書く

main.cpp

```cpp
001  #include <GConsoleLib.h>
002  #include <stdio.h>
003
004  int main(){
005    gcls();
006    gfront();
007
008    gimage("C:¥¥GConsole追加ファイル¥¥sampleimg¥¥chap3-2-1.png", 80, 160);
009    gimage("C:¥¥GConsole追加ファイル¥¥sampleimg¥¥chap3-2-2.png", 240, 190);
010    gimage("C:¥¥GConsole追加ファイル¥¥sampleimg¥¥chap3-2-3.png", 390, 160);
011    glocate(10, 4);
012    gprintf("誰をお供にしますか（犬＝1、サル＝2、キジ＝3）？");
013    // 入力
014    int kazu;
015    char buf[128];
016    ggets(buf, 128);
017    sscanf_s(buf, "%d", &kazu);
018    // 結果表示
019    gcls();
020    glocate(20, 4);
021    switch(kazu){
022    case 1:
023      gimage("C:¥¥GConsole追加ファイル¥¥sampleimg¥¥chap3-2-1.png", 240, 160);
024      gprintf("犬がお供になりました！");
025      break;
```

```
026    case 2:
027        gimage("C:¥¥GConsole追加ファイル¥¥sampleimg¥¥chap3-2-2.png", 240, 160);
028        gprintf("サルがお供になりました！");
029        break;
030    case 3:
031        gimage("C:¥¥GConsole追加ファイル¥¥sampleimg¥¥chap3-2-3.png", 240, 160);
032        gprintf("キジがお供になりました！");
033        break;
034    default:
035        gprintf("だれもお供になりませんでした");
036    }
037 }
```

犬がお供になりました！  サルがお供になりました！  キジがお供になりました！

⬆1～3の数値を入力すると、犬かサルかキジの誰かがお供になる

　1か2か3のいずれかを入力して Enter キーを押すと、switch文のそれぞれのcase文に進んで、画像と文字列が表示されます。また、1～3以外を入力した場合は、default文の処理が実行され、「だれもお供になりませんでした」と表示されます。

☆ 文字コードで分岐する

　今度は数値の代わりに、「D」「M」「P」という文字でお供を選べるようにしてみましょう。switch文は整数の変数でないと分岐できませんが、文字コード（P.42参照）は整数なので問題ありません。ソースコード中で文字コードを表したい場合は、「'D'」のように**シングルクォート**で囲みます。

　また、1文字分の文字コードがほしい場合は、ggets関数よりも**ggetchar関数**（ジーゲットキャラ）のほう

が便利です。ggetchar関数は標準ライブラリのgetchar関数（P.63参照）と同じ働きをする関数で、char型の数値を返します。

```
main.cpp
001  #include <GConsoleLib.h>
002  #include <stdio.h>
003
004  int main(){
005    gcls();
006    gfront();
007
008    gimage("C:¥¥GConsole追加ファイル¥¥sampleimg¥¥chap3-2-1.png", 80, 160);
009    gimage("C:¥¥GConsole追加ファイル¥¥sampleimg¥¥chap3-2-2.png", 240, 190);
010    gimage("C:¥¥GConsole追加ファイル¥¥sampleimg¥¥chap3-2-3.png", 390, 160);
011    glocate(10, 4);
012    gprintf("誰をお供にしますか（犬＝D、サル＝M、キジ＝P）？");
013    // 入力
014    char moji;
015    moji = ggetchar();
016    // 結果表示
017    gcls();
018    glocate(20, 4);
019    switch(moji){
020    case 'd':
021    case 'D':
022      gimage("C:¥¥GConsole追加ファイル¥¥sampleimg¥¥chap3-2-1.png", 240, 160);
023      gprintf("犬がお供になりました！");
024      break;
025    case 'm':
026    case 'M':
027      gimage("C:¥¥GConsole追加ファイル¥¥sampleimg¥¥chap3-2-2.png", 240, 160);
028      gprintf("サルがお供になりました！");
029      break;
030    case 'p':
031    case 'P':
032      gimage("C:¥¥GConsole追加ファイル¥¥sampleimg¥¥chap3-2-3.png", 240, 160);
033      gprintf("キジがお供になりました！");
034      break;
035    default:
036      gprintf("だれもお供になりませんでした");
037    }
038  }
```

3-4

switch文で複数の分岐をきれいに書く

↑「m」と入力して Enter キーを押すとサルがお供になる

　switch文の変更点は「case 1:」を「case 'D':」などに変えた程度ですが、小文字のアル
ファベットでも選択できるようにするために、「case 'd': case 'D':」のようにbreak文な
しでcase文を並べています。

　if文やswitch文はプログラムの流れを変えて制御するという意味で、次の章で説明する
ループの文法と合わせて、制御構文（Control Flow Statement）と呼ばれます。制御構文
はプログラムのあらゆる場所で使われる重要な文法です。いまはうろ覚えでも、今後のソー
スコードでも何度も出てくるので、やがて「こういうときはこれを使う」というパターンが
つかめてくると思います。

Chapter 4

Lesson of programming with C language

Chapter 4

たくさんのデータをパパッと料理する

～ループと関数～

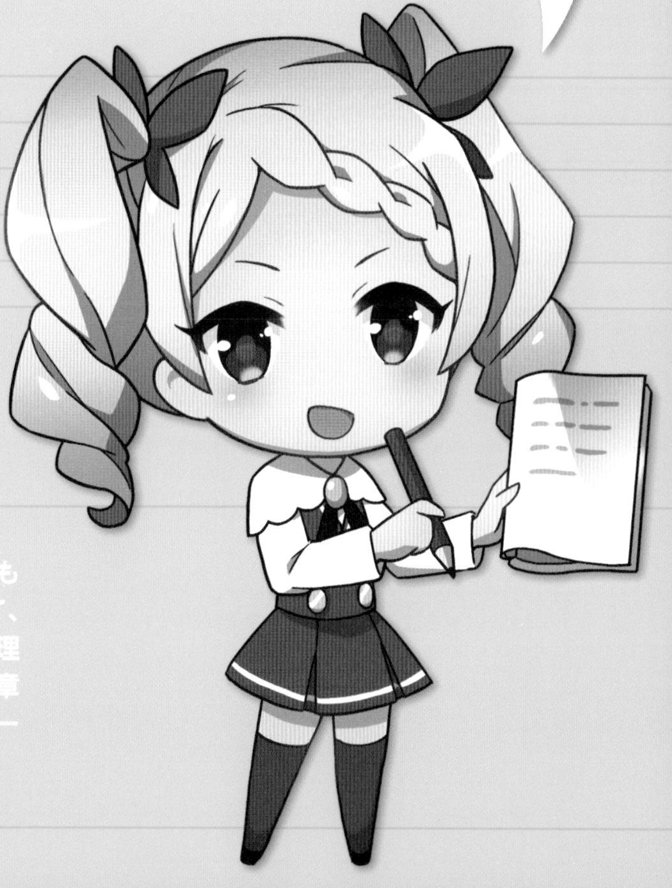

コンピュータは大量のデータを扱うのも大得意です。配列変数やループを使って、短いソースコードで大量のデータを処理できるようにしましょう。また、この章では関数を使ったよりわかりやすいソースコードの書き方も説明します。

forループで決まった回数だけ繰り返す

似たような処理を何回も実行させたいときは「ループ」という文法を使います。for 文によるループを書けば、短いソースコードで 10 回でも 1000 回でも指定した回数だけ繰り返し処理を行うことができます。

☆ 人間が繰り返し作業をやってはいけない

「0 ～ 99 までの数値を表示するプログラムを作ってください」といわれたら、皆さんはどう書きますか？　これまでに説明してきた C 言語の文法だけだと、次のどちらかの方法で書くしかありません。

```
#include <stdio.h>

int main(){
    printf("0¥n1¥n2¥n3¥n4¥n5¥n6¥n7¥n8¥n9¥n10¥n11¥n12¥n13¥n……99 まで続く
```

```
#include <stdio.h>

int main(){
    printf("0¥n");
    printf("1¥n");
    printf("2¥n");
    printf("3¥n");
    ……99 まで続く
```

　数値を打つのが面倒で途中でイヤになってしまいますね。

　これらはどちらも**悪い**プログラムです。そもそもコンピュータは単純な繰り返し作業を**正確に行わせる**ために使うものですから、それを人間がやるのは本末転倒。プログラムを書いていて「なんかほとんど同じ行が続くなぁ……」と感じたら、それは方針が間違っているのだと悟ってください。

では、どうするのが賢いやりかたなのでしょうか？　こういう繰り返し作業をするときは**ループ(loop)**を使います。loopとは英語で「輪」のことです。C言語のループでは、ソースコードの中に輪となるブロックを作り、**ブロック内の文を何回も実行**して繰り返し作業をさせます。

☆ 回数の決まったループには for 文を使う

C言語のループには、**for文**、**while文**、**do while文**の3種類があります。0 ～ 99まで表示する場合のように、繰り返しの回数が決まっているときはfor文が最適です。

＊for文の書き方

```
for ( 初期化の式 ; 繰り返し条件の式 ; 加算の式 ){
        繰り返す処理
}
```

for文では「( )」の中に「;(セミコロン)」で区切って**3つの式**を書きます。**初期化の式**はfor文が始まるときに1度だけ処理されます。**繰り返し条件の式**は繰り返し処理を始める前に毎回チェックされて、結果が真(0以外)ならブロック内の処理を行い、偽(0)ならブロックから出て次の行に進みます。**加算の式**はブロック内の処理が終わった後、毎回1度実行されます。

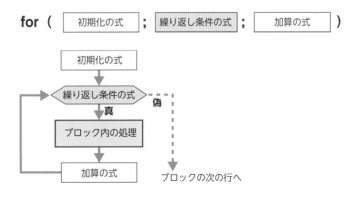

このように説明されても今ひとつピンと来ないと思います。for文にはよく使われる**黄金パターン**があり、これを暗記するだけでもかなり役立ちます。

119

＊for文の黄金パターン

```
for( int i = 0; i < 繰り返し回数 ; i++ ){
        繰り返し処理
}
```

　このパターンでは、最初に初期化の式の「int i = 0」が実行されて、0が記憶された変数i が定義されます。その後は繰り返し処理に入り、ブロックの最初で変数iが指定した回数未満であることをチェックし、ブロックの最後で++演算子 (P.56参照) を使って変数iを1 増やします。繰り返し処理が進むうちに**自然と変数iが指定した回数以上になり**、繰り返しが終了します。

```
for( int i = 0; i < 3; i++ )
```

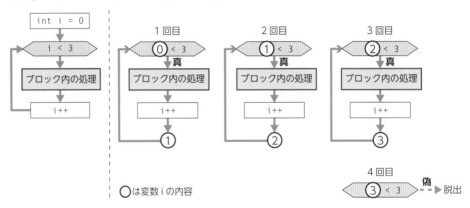

　実際に試してみましょう。新たにプロジェクト「chap4-1」を作成してソースコード 「main.cpp」を追加してください (P.70 ～ 73参照)。

↪ プロジェクト「chap4-1」を作成して「main.cpp」を追加

次のソースコードでは「変数iを表示する」という処理を100回繰り返します。数値を表示するたびに改行すると見にくいので、%dの後を「¥n」ではなく「¥t」にしてタブを挿入しています。

```cpp
main.cpp
001  #include <stdio.h>
002
003  int main(){
004      for(int i = 0; i < 100; i++){
005          printf("%d¥t", i);
006      }
007  }
```

```
C:¥Windows¥system32¥cmd.exe                          —    □    ×
0      1     2     3     4     5     6     7     8     9
10     11    12    13    14    15    16    17    18    19
20     21    22    23    24    25    26    27    28    29
30     31    32    33    34    35    36    37    38    39
40     41    42    43    44    45    46    47    48    49
50     51    52    53    54    55    56    57    58    59
60     61    62    63    64    65    66    67    68    69
70     71    72    73    74    75    76    77    78    79
80     81    82    83    84    85    86    87    88    89
90     91    92    93    94    95    96    97    98    99
続行するには何かキーを押してください . . .
```

☝0 〜 99 の数値が表示された

for文のループはモーターのようなものです。ソースコードの一部をぐるぐると回転させて、仕事を繰り返させます。

121

☆ 同じ画像を並べて表示する

　今度は画像を何枚か横に並べて表示させてみましょう。画像は3章のサンプル用のものを使い、100ピクセルずつずらして画面端まで表示することにします。もちろんこんな風に書いてはダメですよ。

```
gimage("C:¥¥GConsole追加ファイル¥¥sampleimg¥¥chap3-2-1.png", 0, 0);
gimage("C:¥¥GConsole追加ファイル¥¥sampleimg¥¥chap3-2-1.png", 100, 0);
gimage("C:¥¥GConsole追加ファイル¥¥sampleimg¥¥chap3-2-1.png", 200, 0);
gimage("C:¥¥GConsole追加ファイル¥¥sampleimg¥¥chap3-2-1.png", 300, 0);
gimage("C:¥¥GConsole追加ファイル¥¥sampleimg¥¥chap3-2-1.png", 400, 0);
```

　ループを使って絵を横に並べるには、画像の横位置（x座標）をずらしていかなければいけません。forループで回数を数えるために使う変数を流用してみましょう。

main.cpp

```
001  #include <GConsoleLib.h>
002  #include <stdio.h>
003
004  int main(){
005      gfront();
006      gcls();
007
008      for(int x = 0; x < 640; x+=100){
009          gimage("C:¥¥GConsole追加ファイル¥¥sampleimg¥¥chap3-2-1.png", x, 0);
010      }
011  }
```

⊕ 画像が6つ並んで表示された

　ループ回数を数える変数xを初期値0にして、繰り返し条件を640未満にし、100ずつ増やします。変数xは「0、100、200、300、400、500、600」と増えていき、700で繰り返し条件を満たさなくなって終了します。

122

　今度は画像の縦位置(y座標)も変えてみましょう。ウィンドウの高さは幅より狭いので、縦位置は40ピクセルずつ増やすことにします。

```
main.cpp

001  #include <GConsoleLib.h>
002  #include <stdio.h>
003
004  int main(){
005      gfront();
006      gcls();
007
008      for(int x = 0, y = 0; x < 640; x+=100, y+=40){
009          gimage("C:¥¥GConsole追加ファイル¥¥sampleimg¥¥chap3-2-1.png", x, y);
010      }
011  }
```

🔹 縦に40ピクセルずつずらす

　変数xといっしょに変数yの定義と増加をしています。実は「,(カンマ)」も順次演算子(Commma Operator)という名前を持つ立派な演算子です。複数の式を並べて書くと、左の式から順に実行します。わかりにくく感じる人は分けて書いてもかまいません。

　ただし、次のように書くとyが毎回0になってしまって増えません。

```
for(int x = 0; x < 640; x+=100){
    int y = 0;   //ここで毎回0になってしまう
    gimage("C:¥¥GConsole追加ファイル¥¥sampleimg¥¥chap3-2-1.png", x, y);
    y+=40;
}
```

変数yはfor文のブロックの外で初期化する必要があります。

```
int y = 0;
for(int x = 0; x < 640; x+=100){
    gimage("C:¥¥GConsole追加ファイル¥¥sampleimg¥¥chap3-2-1.png", x, y);
    y+=40;
}
```

1個の変数でx座標とy座標を増やすこともできます。

main.cpp

```
001  #include <GConsoleLib.h>
002  #include <stdio.h>
003
004  int main(){
005      gfront();
006      gcls();
007
008      for(int i = 0; i < 7; i++){
009          gimage("C:¥¥GConsole追加ファイル¥¥sampleimg¥¥chap3-2-1.png",
010              i * 100, i * 40);
011      }
012  }
```

⊕ この方法でも横に100、縦に40ずつずらして並べられる

　for文の変数iが「0、1、2、3、4、5、6」と1ずつ増えるようにし、それぞれに100と40を掛ければ、「0、100、200、300、400、500、600」と「0、40、80、120、160、200、240」という2種類の増え方をする数値を求めることができます。**掛ける数**

を変えればさまざまな数値を作り出せるので、応用が利きやすい方法です。

　ちなみにfor文の回数を記憶する変数（「ループカウンタ」と呼ぶこともあります）には、とりあえず「i」という名前を付ける習慣があります。iが使われるのは、Integer（整数）のiが由来だという説や、英語で「索引」を意味するIndexの頭文字が由来だという説があります。

　本書でも単に回数を表すときはiを使っていますが、「座標を表す」「金額を表す」というように変数の目的がはっきり決まっているときは、x、y、moneyなどの目的に合った名前を付けたほうがわかりやすいでしょう。

1ずつ減る逆順のforループ

　1ずつ増やす代わりに、1ずつ減らすループを書くこともできます。初期値として変数に最大の数値を代入し、繰り返し条件を0以上にします。後は--演算子で変数を1ずつ減らすようにすれば、最大値〜0の逆順ループになります。

```
for( int i = 99; i >= 0; i--){
        printf("%d¥t", i);
}
```

```
C:¥Windows¥system32¥cmd.exe                              —    □    ×
99      98      97      96      95      94      93      92      91      90
89      88      87      86      85      84      83      82      81      80
79      78      77      76      75      74      73      72      71      70
69      68      67      66      65      64      63      62      61      60
59      58      57      56      55      54      53      52      51      50
49      48      47      46      45      44      43      42      41      40
39      38      37      36      35      34      33      32      31      30
29      28      27      26      25      24      23      22      21      20
19      18      17      16      15      14      13      12      11      10
9       8       7       6       5       4       3       2       1       0
続行するには何かキーを押してください . . .
```

⬆99 〜 0のループ

4-2

while文で無限にループする

たくさんのデータをパパッと料理する ～ループと関数～

ループには回数が必要だとは限りません。while文を使えば、仕事が終わるまで無限にループさせることができます。ほとんどのプログラムは、ユーザーが終了を指示するまで終わりませんが、それもwhile文のループの働きです。

☆ ループに繰り返し回数が必要だとは限らない

ループはほとんどのプログラムで使われています。たとえば多くのゲームプログラムは次のようなループになっています。

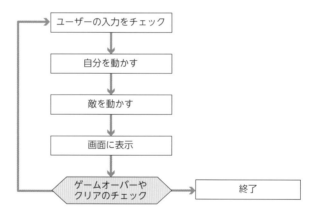

このループをfor文で作る場合、繰り返し回数は何回にしたらいいのでしょうか？　決められませんね。ゲームオーバーかゲームクリアするまで**いつまでもに**ループさせなければいけません。これはワープロソフトのような仕事用のプログラムでも同じで、ユーザーが終了ボタンを押すまでループし続ける必要があります。

このような回数が決まらないループは、while文を使って作ります。while文は「( )」に繰り返し条件だけを指定し、その条件が満たされている間、無限に繰り返します。for文よりもちょっと簡単ですね。

＊ while 文の書き方

```
while(繰り返し条件){

}
```

3章のアルキメデスのプログラム (P.84参照) を開いて、while 文を使って何度も繰り返し質問できるようにしましょう。

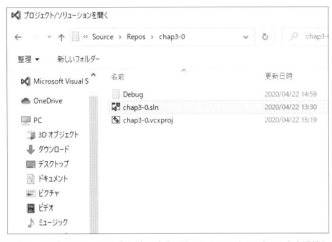

🔘〈ファイル〉メニューから〈開く〉→〈プロジェクト／ソリューション〉を選択して「chap3-0.sln」を開く

繰り返し条件を変数hankei != -1にして、半径の数値としてありえない-1を入力したら終了するようにします。また、終了時は計算結果の代わりに「じゃあね」と表示します。

main.cpp

```
001  #include <GConsoleLib.h>
002  #include <stdio.h>
003  #include <math.h>
004  #define PIE 3.14159265
005
006  int main(){
007      gfront();
008      gcls();
009
010      double hankei = 0;
011
012      while(hankei != -1){
```

```
013        gimage("C:\\GConsole追加ファイル\\sampleimg\\chap3-0.png", 100, 100);
014        glocate(12, 5);
015        gprintf("わたしはメデ子先生。");
016        // 質問の表示
017        glocate(12, 6);
018        gprintf("球の半径は何cmかな？");
019        // 入力
020        char buf[128];
021        ggets(buf, 128);
022        sscanf_s(buf, "%lf", &hankei);
023        // 答えの表示
024        glocate(12, 7);
025        gprintf("球の体積は%.2fcmだね。", 4 * PIE * pow(hankei, 3) / 3);
026    }
027    glocate(12, 7);
028    gprintf("じゃあね");
029 }
```

◑ 体積が表示された後、またカーソルが
点滅して次の数値を入力できる

◑「-1」を入力するとプログラムは終了
する。しかし、「じゃあね」が計算結果
と重なってしまっている

最後に条件をチェックするdo while文

while文では、最初から条件を満たしていなければ、1回もループされないことがあります。何かの理由で1回だけは処理をさせたい場合は、do while文を使います。do while文ではブロックの最後に繰り返し条件のチェックが来るため、最低でも1回は処理が実行されます。

```
do{
        繰り返したい処理
}while( 繰り返し条件 );
```

☆ ループの途中で脱出する

プログラムが終了したときの結果の表示が変ですね。球の体積の数値の上に「じゃあね」という文字が重なって表示されています。

プログラムの流れは、21行目のggets関数で文字を入力した後、25行目で球の体積が表示され、その後ループでwhile文の先頭の12行目に戻って繰り返し条件のチェック、となっています。ループから脱出して「じゃあね」と表示されるのはその後です。これでは重なるのは当たり前ですね。

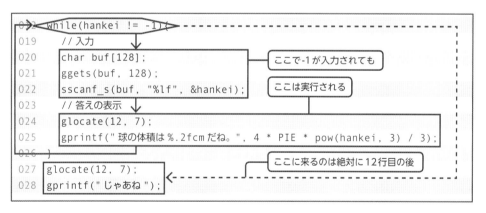

```
018    while(hankei != -1){
019        // 入力
020        char buf[128];
021        ggets(buf, 128);
022        sscanf_s(buf, "%lf", &hankei);
023        // 答えの表示
024        glocate(12, 7);
025        gprintf(" 球の体積は%.2fcmだね。", 4 * PIE * pow(hankei, 3) / 3);
026    }
027    glocate(12, 7);
028    gprintf(" じゃあね ");
```

ここで-1が入力されても

ここは実行される

ここに来るのは絶対に12行目の後

ループから脱出するポイントを、21行目のggets関数と24～25行目の体積の表示の間に置かなければいけません。

ループの途中で脱出したいときはbreak文を使います。break文はswitch文のときに初登場していますね（P.110参照）。break文はブロックから脱出する働きを持つため、

while文やfor文のループから脱出するときに使えるのです。

```
main.cpp
001 #include <GConsoleLib.h>
002 #include <stdio.h>
003 #include <math.h>
004 #define PIE 3.14159265
005
006 int main(){
007     gfront();
008     gcls();
009
010     double hankei = 0;
011
012     while(hankei != -1){
013         gimage("C:\\GConsole追加ファイル\\sampleimg\\chap3-0.png", 100, 100);
014         glocate(12, 5);
015         gprintf("わたしはメデ子先生。");
016         // 質問の表示
017         glocate(12, 6);
018         gprintf("球の半径は何cmかな？");
019         // 入力
020         char buf[128];
021         ggets(buf, 128);
022         sscanf_s(buf, "%lf", &hankei);
023         if(hankei < 0) break; //ループ脱出
024         // 答えの表示
025         glocate(12, 7);
026         gprintf("球の体積は%.2fcmだね。", 4 * PIE * pow(hankei, 3) / 3);
027     }
028     glocate(12, 7);
029     gprintf("じゃあね");
030 }
```

○ちゃんと「じゃあね」だけが表示されるようになった

23行目の「if(hankei < 0) break;」で入力された数値をチェックし、-1などの負の数

130

だったらwhile文から脱出して28行目にジャンプします。これなら入力の後、面積の計算が行われることはありません。

ループから脱出する文法には、continue文というものもあります。continue文を実行すると、for文やwhile文の**ブロックの先頭にある条件チェックにジャンプ**します。そうするとcontinue文以降の処理がそのときだけ実行されなくなるため、ループ中の**1回分の処理をスキップ**することができます。

```
for(int i=0; i<10; i++){
    if(i == 2) continue;       //i が 2 の時だけ以降の処理をスキップ
    printf("%d¥t", i);         // 結果は 0、1、3、4、5、6、7、8、9 となる
}
```

goto文で多重ループから脱出する

ループの中でループする構造を多重ループといいます (P.136参照)。多重ループから一瞬で脱出したいこともありますが、break文やcontinue文で脱出できるのは内側のブロックだけです。そういうときのためにC言語には**goto文**が用意されています。goto文を使うにはまずジャンプ先に「名前:」の形式で**ラベル**を置いておきます。後は「goto ラベル;」と書けばその行にジャンプできます。

```
for(int k = 9; k > 0; k--){
        for(int j = 0; j < k; j++){
                if(j==k) goto OUTLOOP;
        }
}
OUTLOOP:
printf("finish¥n");         // ラベルの後は普通の文がないとエラーになる
```

goto文は、好きなときに好きな場所へジャンプできる強力な文法ですが、**なるべく使わないようにしましょう**。C言語では、「ブロック内ではつねに上から下へ進む」「特殊なジャンプ (条件分岐やループ、関数の呼び出しなど) をするときはブロック単位」という基本ルールになっていますが、goto文はそれを無視します。そのため、goto文を使いすぎると、ソースコードが読みにくくなってしまうのです。

できる限り、break文やcontinue文、関数から脱出するreturn文 (P.148参照) などを使ってください。

配列変数と数値の並べ替え

配列変数を使えば、規則性のない数値や文字列などもループ処理できるようになります。ここでは配列変数の基本的な使い方と、配列変数に記憶した数値を「バブルソート」と呼ばれる方法で並べ替える方法を説明します。

☆ 規則性がない10個の数値を表示する

さっきはforループで0〜99までの連続する100個の数値を表示しました。今度は10個の数値を表示してください。ただし、数値は連続していなくて何の規則性もないバラバラの10個です。

これまで説明した方法では、規則性のないデータをループで扱うことはできません。こういうときは配列変数(Array)を組み合わせて使います。「配列」とは「規則正しく並んでいる」という意味のことばです。

配列変数は、同じ型の変数を何個かセットにしたもので、1つ1つの変数に添え字(SubscriptまたはIndex)と呼ばれる0から始まる連続した番号が振られています。ですから、規則性がない数値を配列変数に記憶させれば、添え字を使ってループで処理できるのです。

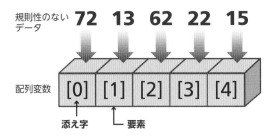

配列変数の中の1つ1つの変数を要素(Element)と呼びます。

配列変数を定義するには、変数名の後に「[ ](大カッコ、ブラケット)」を付け、その中に要素の数を書きます。

＊配列変数の定義（作成）

```
型　配列変数名 [ 要素数 ];
例：int arr[10];  //10 個の数を記憶できる配列変数を作成
```

　配列変数の要素を利用するときは、変数名に「[添え字]」を付けます。添え字は 0 から始まるので、**最大の数は「要素数 -1」**になります。間違いやすいので注意してください。

＊配列変数の利用

```
配列変数名 [ 添字 ]
例：arr[0] = 10;              // 添え字 0 の要素に代入
    printf("%d", arr[0]);    // 添え字 0 の要素を表示
```

　配列変数を定義するときに、「{ }（中カッコ）」を使ってデータをまとめて代入することができます。ただし、いったん**定義した後はこの方法で代入することはできません**。また、初期値の数＝要素数であれば、要素数を省略することもできます。

＊配列変数の初期化

```
型　配列変数名 [ 要素数 ] = { 初期値 , 初期値 , 初期値…… };
例：int arr[10] = {72, 13, 62};      //4 つめ以降の要素は 0 になる
    int arr[] = {72, 13, 62};        // 要素数は 3 になる
    int arr[2] = {72, 13, 62};       // 初期値が要素数より多いとエラー
```

　それでは配列変数を使って、規則性のない 10 個の数値を表示してみましょう。前の前のセクションで作成したプロジェクト**「chap4-1」**を開いて、main.cpp を次のように変更してください。

main.cpp

```
001 #include <GConsoleLib.h>
002 #include <stdio.h>
003
004 int main(){
005   int kazu[] = {72, 13, 62, 22, 15, 98, 36, 46, 31, 4};
006
007   for(int i = 0; i < 10; i++){
008     printf("%d¥t", kazu[i]);
009   }
010 }
```

↑10個の数値を表示

　配列変数を使えば、さまざまなデータをループで処理できるようになります。ここでは数値を記憶させましたが、文字列や画像データなどを配列変数に記憶させて、ループ処理することもあります。

↑「配列変数」というベルトコンベアーに載せることて、とんなデータでもルーフ処理できる。

☆ 数値を小さい順に並べ替える

　今、配列変数にはバラバラの数値が適当な順番で記憶されていますが、これを小さい順に並べ替えてみましょう。小さい順に並べた状態を昇順、大きい順に並べた状態を降順といいます。

　並べ替えを行うには、配列変数の隣り合った要素を比べ、大きいものが後になるように入れ替えます。これを要素の数だけ繰り返すと、一番大きい数値が最後の要素になります。

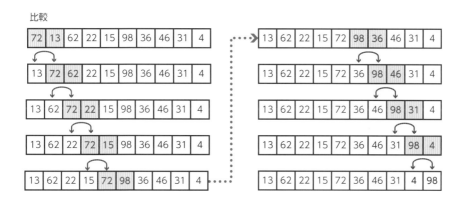

比較

これをプログラムにすると、次のようになります。

```cpp
main.cpp
001  #include <GConsoleLib.h>
002  #include <stdio.h>
003
004  int main(){
005    int kazu[] = {72, 13, 62, 4, 15, 98, 36, 46, 31, 22};
006
007    for(int j = 0; j < 9; j++){          ❶外側のループ
008      if(kazu[j] > kazu[j+1]){           ❷要素の比較
009        // 入れ替え
010        int temp = kazu[j];
011        kazu[j] = kazu[j+1];             ❸要素の入れ替え
012        kazu[j+1] = temp;
013      }
014      // 表示
015      for(int i = 0; i < 10; i++){
016        printf("%d¥t", kazu[i]);         ❹配列変数の表示
017      }
018    }
019  }
```

```
C:¥Windows¥system32¥cmd.exe                               —  □  ×
13      72      62      22      15      98      36      46      31      4
13      62      72      22      15      98      36      46      31      4
13      62      22      72      15      98      36      46      31      4
13      62      22      15      72      98      36      46      31      4
13      62      22      15      72      98      36      46      31      4
13      62      22      15      72      36      98      46      31      4
13      62      22      15      72      36      46      98      31      4
13      62      22      15      72      36      46      31      98      4
13      62      22      15      72      36      46      31      4       98
続行するには何かキーを押してください . . .
```

◎隣り合うもの同士を並べ替えていくと、一番大きい数値が右端に来る

4-3

配列変数と数値の並べ替え

135

❶外側のループ

配列の要素を順番に比較するためのforループです。変数iは表示用のループで使われているので変数jにします。注意して欲しいのは、繰り返し条件が「j < 10」ではなく「j < 9」になっているため、**繰り返し回数が要素数より1少ない**ことです。その理由は❷で説明します。

❷要素の比較

隣り合った要素をif文で比較します。現在の要素がkazu[j]だとすると、隣の要素はkazu[j-1]かkazu[j+1]です。このような比較をするときは「j-1」や「j+1」が**添え字の最大値を超えないように注意**しなければいけません。❶で繰り返し回数を9回にしているのは、10回にするとjは最後に9になるため、kazu[j+1]がkazu[10]になって添え字の最大値を超えてしまうためです。添え字の最大値を超えると、とんでもない問題が発生します（P.140参照）。

❸要素の入れ替え

比較した結果、kazu[j]のほうが大きかったらkazu[j+1]と内容を入れ替えます。直接入れ替えることはできないので、いったんkazu[j]の内容を変数tempに代入して、kazu[j+1]の内容をkazu[j]に代入してから、最後にtempの内容をkazu[j+1]に代入します。tempは「一時的」を意味するTemporaryの略です。

❹配列変数の表示

前に書いたfor文のループを流用して配列変数を表示します。ここではfor文のブロックの中にfor文が入った状態です。つまり、内側のfor文は外側のfor文によって9回繰り返されます。また、内側のfor文のブロック内にあるprintf関数は10×9の90回繰り返されます。このようにループの中にループが入った状態を、**多重ループ**または**入れ子のループ**と呼びます。

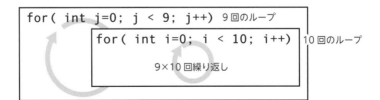

最後まで並べ替える

　一番大きな数値を右端に移動することはできましたが、まだそれ以外の部分が並べ替えられていません。先ほどの状態からもう一度同じ比較と入れ替えをすると、二番目に大きい数値が右端から二番目の位置に来ます。つまりこれを何度か繰り返せば、最終的にはすべての数値が小さい順に並ぶようになります。

＊2度目

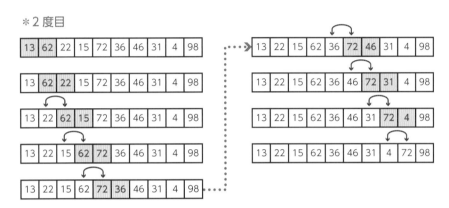

　ここで図をよく見てください。比較と入れ替えを行う回数が1つ減っていますね。すでに一番大きな数値が右端に来ているので、**最後の入れ替えは必要ない**のです。

　さらにもう一度同じように比較と入れ替えした場合は、さらに1回回数を減らすことができます。この調子でどんどん回数が減っていくと、9度目では1回比較と入れ替えを行えばいいことになります。この段階で並べ替えは完了です。

1度目	9回	4度目	6回	7度目	3回
2度目	8回	5度目	5回	8度目	2回
3度目	7回	6度目	4回	9度目	1回

　最後まで並べ替えるソースコードは次のとおりです。比較と入れ替えをさらに繰り返すので、外側にもう1つfor文を追加します。また、回数は1ずつ減っていくので、変数kを1ずつ減らす逆順のforループにします（P.125参照）。その1ずつ減っていく変数kを内側のfor文の繰り返し条件に使います。

main.cpp

```cpp
001  #include <GConsoleLib.h>
002  #include <stdio.h>
003
004  int main(){
005     int kazu[] = {72, 13, 62, 22, 15, 98, 36, 46, 31, 4};
006
007     for(int k = 9; k > 0; k--){
008        printf("%d度目¥n", 10 - k);
009        for(int j = 0; j < k; j++){
010           if(kazu[j] > kazu[j+1]){
011              // 入れ替え
012              int temp = kazu[j];
013              kazu[j] = kazu[j+1];
014              kazu[j+1] = temp;
015           }
016           // 表示
017           for(int i = 0; i < 10; i++){
018              printf("%d¥t", kazu[i]);
019           }
020        }
021     }
022  }
```

```
C:¥Windows¥system32¥cmd.exe                    —    □    ×
1度目
13      72      62      22      15      98      36      46      31      4
13      62      72      22      15      98      36      46      31      4
13      62      22      72      15      98      36      46      31      4
13      62      22      15      72      98      36      46      31      4
13      62      22      15      72      98      36      46      31      4
13      62      22      15      72      36      98      46      31      4
13      62      22      15      72      36      46      98      31      4
13      62      22      15      72      36      46      31      98      4
13      62      22      15      72      36      46      31      4       98
2度目
13      62      22      15      72      36      46      31      4       98
13      22      62      15      72      36      46      31      4       98
13      22      15      62      72      36      46      31      4       98
7度目
13      15      22      4       31      36      46      62      72      98
13      15      22      4       31      36      46      62      72      98
13      15      4       22      31      36      46      62      72      98
8度目
13      15      4       22      31      36      46      62      72      98
13      4       15      22      31      36      46      62      72      98
9度目
4       13      15      22      31      36      46      62      72      98
続行するには何かキーを押してください . . .                          ⌄
```

⬆9度目で並べ替えは完了

今回説明した並べ替えの方法を**バブルソート (Bubble Sort)** といいます。Bubbleは英

語の「泡」、Sortは「並べ替え」のことです。コマンドプロンプトに表示された数値の並び
を見ると、1つの数値が左から右へ移動していきますね。この様子が水中から浮かび上が
る泡に似ていることから名付けられました。

　本書では説明の都合で、外側のforループを逆順にしましたが、プログラムの教科書では
内側のforループを逆順にするパターンで説明している場合があります（バブルソート2）。
そのパターンだと「大きい数値が右に移動する」のではなく「小さい数値が左端に移動する」
ようになりますが、どちらでも結果は同じです。

＊バブルソート1

```
for(int k = 要素数 - 1; k > 0; k--){
        for(int j = 0; j < k; j++){
                ik(kazu[j] > kazu[j+1]){
                        int temp = kazu[j];
                        kazu[j] = kazu[j+1];
                        kazu[j+1] = temp
                }
        }
}
```

＊バブルソート2

```
for(int k = 0; k < 要素数 - 1; k++){
        for(int j = 要素数 - 1; j > k; j--) {
                ik(kazu[j-1] > kazu[j]){
                        int temp = kazu[j];
                        kazu[j] = kazu[j-1];
                        kazu[j-1] = temp
                }
        }
}
```

　バブルソートは、並べ替えのプログラムの中では**わかりやすいけれど、比較回数が多くて
遅い**とされています。並べ替えのプログラムの中でもっとも速いとされているのが、**クイッ
クソート（Quick Sort）**です。本書のサンプルプログラムの「chap4-2」として収録してい
るので、どの程度速いのか確認してみてください。

4-3

配列変数と数値の並べ替え

配列変数の範囲を超えるとどうなる？

　次のソースコードでは、要素数6の配列変数を2つ定義し、それぞれに「-1111」と「9999」という数値を代入しています。そして9行目でわざと最大値を超えた添え字を指定しています。さてどうなるでしょうか？

```
001  #include <stdio.h>
002
003  int main(){
004     int arr1[6];
005     int arr2[6];
006
007     for(int i=0; i<6; i++) arr1[i] = -1111;
008     for(int i=0; i<6; i++) arr2[i] = 9999;
009     for(int i=0; i<18; i++) printf("%d¥t", arr2[i]);
010  }
```

```
C:¥Windows¥system32¥cmd.exe                              —    □    ×
9999     9999     9999     9999     9999     9999     -858993460     -858993460  ^
   -1111    -1111    -1111    -1111    -1111    -1111    -858993460     17824212
      9183459  1          続行するには何かキーを押してください . . .
```

⊕ 隣の配列変数の内容が見えている！

　別の配列変数に代入した数値まで見えてしまっていますね。前に「変数の代入というのはメモリに記憶することなのだ」という説明をしました（P.49参照）。コンピュータのメモリは、8ビット（1バイト）の記憶領域がたくさん並んだ構造になっています。その一部に名前を付けて変数として扱っているわけです。変数をいくつか定義すると、それらはメモリの中で並んだ状態になります。その状態で配列変数の添え字の最大値を超えると、隣の変数が記憶されている部分に入り込んで、記憶されている内容を壊してしまう危険があるのです。

　この問題をバッファオーバーラン（Buffer Overrun）といいます。Bufferとは「一時的な記憶領域」、Overrunは「を超える」という意味です。「記憶領域をあふれ出る」という意味のバッファオーバーフロー（Buffer Overflow）と呼ぶこともあります。

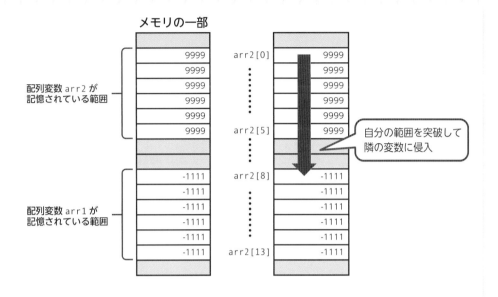

メモリの一部

配列変数 arr2 が
記憶されている範囲

配列変数 arr1 が
記憶されている範囲

自分の範囲を突破して
隣の変数に侵入

C言語の文法には**バッファオーバーラン**を防ぐしくみがないため、自分で注意しなければいけません。VSC2019のデバッグモード (P.197参照) では、実行中に配列変数の範囲外に書き込むと、「Stack around the variable '××' was corrupted(変数××の周りのスタックが破損した)」という英語のエラーメッセージを出してくれるので、それを手がかりにエラー原因を探すことができます。ただし、**範囲外の要素を読み取っただけではこのエラーは出ない**ため、いずれにせよ添え字に気をつけてプログラムを書く必要があります。

◐◑ 範囲外の記憶領域への書き込みが
発生したときに表示されるエラーメッ
セージ

4-3

配列変数と数値の並べ替え

棒グラフを描いてみよう

グラフィカルコンソールを使って、数値を棒グラフにしてみましょう。並べ替えの様子を目で見ることができるので、プログラムの動きを理解しやすくなります。棒グラフを描くには、棒の位置や大きさを計算して指定します。

☆ グラフィカルコンソールでグラフ表示してみよう

　今作った並べ替えプログラムを改造し、数値が棒グラフの形で表示されるようにしてみましょう。グラフィカルコンソールにはgbox関数という四角形を描く関数があるので、これを使ってグラフを描きましょう。

＊gbox関数の書き方

```
gbox( x座標 , y座標 , 幅 , 高さ );
```

画面レイアウトは次のようにします。

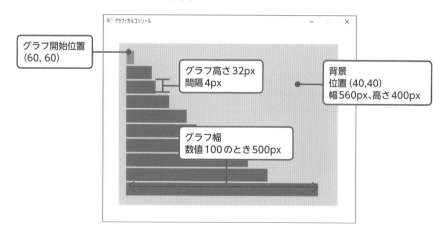

　まず背景を描きます。gbox関数で描く四角形の色もgcolor関数（P.96参照）で指定します。ここは明るめのグレーにします。周囲を40ピクセルずつ空けたいので、左上の座

標を (40, 40) とし、幅560ピクセル (640から40×2を引いたもの)、高さ400ピクセル
(480から40×2を引いたもの) とします。

```cpp
001  #include <GConsoleLib.h>
002  #include <stdio.h>
003
004  int main(){
005    gfront();
006    gcls();
007
008    gcolor(200, 200, 200);
009    gbox(40, 40, 560, 400);
010
011    int kazu[] = {72, 13, 62, 22, 15, 98, 36, 46, 31, 4};
012
013    for(int k = 9; k > 0; k--){
014      //printf("%d度目¥n", 10 - k);
015      for(int j = 0; j < k; j++){
016        if(kazu[j] > kazu[j+1]){
017          // 入れ替え
018          int temp = kazu[j];
019          kazu[j] = kazu[j+1];
020          kazu[j+1] = temp;
021        }
022        // 表示
023        for(int i = 0; i < 10; i++){
024          printf("%d¥t", kazu[i]);
025        }
026      }
027    }
028  }
```

続いて棒グラフを表示してみましょう。棒グラフは縦に並ぶので、y座標を一定間隔（36ピクセル）ずつずらします。y座標は表示用forループの変数iに36を掛け、開始位置の60を足せば求められます。グラフの幅はkazu[i]が100のときに500ピクセルとするので、kazu[i]に5を掛けて求めます。

```cpp
main.cpp
001  #include <GConsoleLib.h>
002  #include <stdio.h>
003
004  int main(){
005     gfront();
006     gcls();
007
008     gcolor(200, 200, 200);
009     gbox(40, 40, 560, 400);
010
011     int kazu[] = {72, 13, 62, 22, 15, 98, 36, 46, 31, 4};
012
013     for(int k = 9; k > 0; k--){
014        //printf("%d 度目￥n", 10 - k);
015        for(int j = 0; j < k; j++){
016           if(kazu[j] > kazu[j+1]){
017              // 入れ替え
018              int temp = kazu[j];
019              kazu[j] = kazu[j+1];
020              kazu[j+1] = temp;
021           }
022           // 表示
023           for(int i = 0; i < 10; i++){
024              int y = 60 + i * 36;
025              int w = kazu[i] * 5;
026              gcolor(0, 128, 255);
027              gbox(60, y, w, 32);
028              //printf("%d￥t", kazu[i]);
029           }
030        }
031     }
032  }
```

実行してみると、なぜかいくつかのグラフの棒がそろってしまいます。これは長い棒の跡が残るせいで、短い棒が正しく表示されないためです。

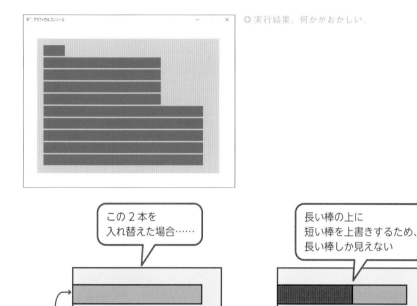

⏻実行結果。何かがおかしい。

この2本を
入れ替えた場合……

長い棒の上に
短い棒を上書きするため、
長い棒しか見えない

これを防ぐためには、不要な部分を背景と同じ色で塗って消さなければいけません。

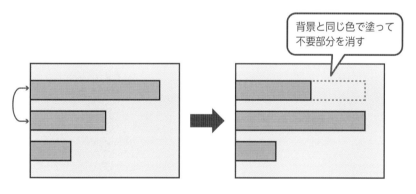

背景と同じ色で塗って
不要部分を消す

　余計な部分を消す四角形のx座標は、60＋w（グラフ部分の棒の幅）で求められます。また、四角形の幅は、560（背景の幅）から20（背景とグラフ部分の左余白の幅）を引いた、540からさらにwを引いて求めます。

145

4-4

棒グラフを描いてみよう

```
main.cpp
001  #include <GConsoleLib.h>
002  #include <stdio.h>
003
004  int main(){
005     gfront();
006     gcls();
007
008     gcolor(200, 200, 200);
009     gbox(40, 40, 560, 400);
010
011     int kazu[] = {72, 13, 62, 22, 15, 98, 36, 46, 31, 4};
012
013     for(int k = 9; k > 0; k--){
014        //printf("%d 度目¥n", 10 - k);
015        for(int j = 0; j < k; j++){
016           if(kazu[j] > kazu[j+1]){
017              // 入れ替え
018              int temp = kazu[j];
019              kazu[j] = kazu[j+1];
020              kazu[j+1] = temp;
021           }
022           // 表示
023           for(int i = 0; i < 10; i++){
024              int y = 60 + i * 36;
025              int w = kazu[i]*5;
026              gcolor(0, 128, 255);
027              gbox(60, y, w, 32);
028              gcolor(200, 200, 200);
029              gbox(60+w, y, 540-w, 36);
030              //printf("%d¥t", kazu[i]);
031           }
032        }
033     }
034  }
```

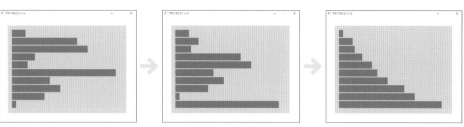

⊕ 徐々に長い棒か下に移動し、短い順にそろえられていく

　ついでに現在比較している要素を見分けられるよう、色を変えてみましょう。変数jが
比較中の要素を示すので、変数iとjが等しいときに棒の色を変更します。

```
main.cpp
                          ……前略……
022        // 表示
023        for(int i = 0; i < 10; i++){
024            int y = 60 + i * 36;
025            int w = kazu[i]*5;
026            if( i == j ) gcolor(255, 128, 0);
027            else gcolor(0, 128, 255);
028            gbox(60, y, w, 32);
029            gcolor(200, 200, 200);
030            gbox(60+w, y, 540-w, 36);
031            //printf("%d¥t", kazu[i]);
032        }
033    }
034    }
035 }
```

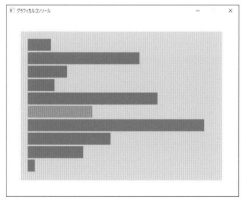

⊕ 現在比較中の棒がオレンジ
色て表示される

関数を使ってソースコードを見やすくしよう

多重ループなどによってソースコードがわかりにくくなった場合は、一部を別の関数にして見やすくしましょう。関数同士のデータのやりとりには制限があるため、必要ならグローバル変数などを利用します。

☆ グラフ表示を独立した関数にする

　ソースコードが長くなってきたせいか、ちょっと読みにくくなってきました。全体が把握しきれないとエラーも増えやすくなります。こういうときは、処理の一部を別の関数に分けることでソースコードを見やすくできます。

ひとつの関数に
すべてを書くと……

```
main(){
    入力処理
    ……
    ……
    計算処理
    ……
    表示処理
    ……
}
```

ごちゃごちゃしている

複数の関数に分けると……

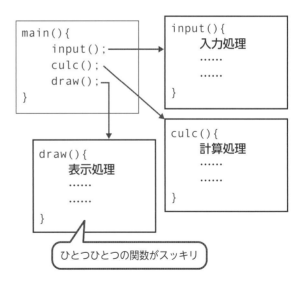

```
main(){
    input();
    culc();
    draw();
}
```

```
input(){
    入力処理
    ……
    ……
}
```

```
culc(){
    計算処理
    ……
    ……
}
```

```
draw(){
    表示処理
    ……
    ……
}
```

ひとつひとつの関数がスッキリ

　ここでは新たにDrawGraphという名前の関数を作成(定義)し、そこにグラフを表示する処理を移動します。

たくさんのデータをパパッと料理する ～ループと関数～

関数は次のように定義します。

＊関数の定義（作成）

```
返値の型　関数の名前（ 引数の型　引数名 ，引数の型　引数名…… ）{
        関数内で行う処理
        return 返値 ;
}
```

int型の値を返す関数を作りたい場合は「int kansuu(〜」、double型の値を返すときは「double kansuu(〜」と定義します。そして関数のブロック内で、return文を書いて値を返します。

値を返す必要がない場合は、返値の型をvoid（ボイド）にします。voidは「真空」や「空の」といった意味の英語です。また、引数が不要な場合は「( )」の間に何も指定しないようにします。

そういえばmain関数は「int main( )」という定義ですね。これだと、引数は取りませんがint型の数値を返すはずです。実はmain関数の決まりでは、**プログラムが正常終了したときは0**、なんらかのトラブルで異常終了したときは**0以外の数値を返してエラーを伝える**ことになっています。その返値は、コマンドプロンプトなどのプログラムを起動したプログラムに渡されます。ただし値を返す必要がないプログラムも結構あるので、**main関数に関してはreturn文を省略してもいい**ことになっています。

それでは、DrawGraph関数の定義を書き、カット＆ペーストで文を移動しましょう。とりあえず返値や引数は不要なので「void DrawGraph ( ){ }」という定義にします。

```
                //入れ替え
                int temp = kazu[j];
                kazu[j] = kazu[j+1];
                kazu[j+1] = temp;
            }
            //表示
            for (int i = 0; i < 10; i++){
                int y = 60 + i * 36;
                int w = kazu[i] * 5;
                if (i == j) gcolor(255, 128, 0);
                else gcolor(0, 128, 255);
                gbox(60, y, w, 32);
                gcolor(200, 200, 200);
                gbox(60 + w, y, 540 - w, 36);
                //printf("%d\t", kazu[i]);
            }
        }
    }
}

void DrawGraph() {
    |
}
```

main関数の後にDrawGraph関数の定義を入力

問題は見つかりませんでした

↓

```
            int temp = kazu[j];
            kazu[j] = kazu[j+1];
            kazu[j+1] = temp;
        }
        //表示
        for (int i = 0; i < 10; i++){
            int y = 60 + i * 36;
            int w = kazu[i] * 5;
            if (i == j) gcolor(255, 128, 0);
            else gcolor(0, 128, 255);
            gbox(60, y, w, 32);
            gcolor(200, 200, 200);
            gbox(60 + w, y, 540 - w, 36);
            //printf("%d¥t", kazu[i]);
        }
    }
}

void DrawGraph() {
```

グラフを表示する
処理の部分を選択

[Ctrl] + [X] を押して切り取る

↓

```
            int temp = kazu[j];
            kazu[j] = kazu[j+1];
            kazu[j+1] = temp;
        }
        //表示
        }
    }
}

void DrawGraph() {
    for (int i = 0; i < 10; i++) {
        int y = 60 + i * 36;
        int w = kazu[i] * 5;
        if (i == j) gcolor(255, 128, 0);
        else gcolor(0, 128, 255);
        gbox(60, y, w, 32);
        gcolor(200, 200, 200);
        gbox(60 + w, y, 540 - w, 36);
        //printf("%d¥t", kazu[i]);
    }
}
```

DrawGraph関数の
ブロックにカーソルを移動

[Ctrl] + [V] を押して貼り付け

↓

```
            int temp = kazu[j];
            kazu[j] = kazu[j+1];
            kazu[j+1] = temp;
        }
        //表示
        DrawGraph();
    }
}

void DrawGraph() {
    for (int i = 0; i < 10; i++) {
        int y = 60 + i * 36;
        int w = kazu[i] * 5;
        if (i == j) gcolor(255, 128, 0);
        else gcolor(0, 128, 255);
        gbox(60, y, w, 32);
        gcolor(200, 200, 200);
        gbox(60 + w, y, 540 - w, 36);
        //printf("%d¥t", kazu[i]);
    }
}
```

main関数からDrawGraph
関数を呼び出す

150

この操作が完了すると、ソースコードは次の状態になっているはずです。さっそくビルドしてみましょう。

main.cpp

```
001  #include <GConsoleLib.h>
002  #include <stdio.h>
003
004  int main(){
005     gfront();
006     gcls();
007
008     gcolor(200, 200, 200);
009     gbox(40, 40, 560, 400);
010
011     int kazu[] = {72, 13, 62, 22, 15, 98, 36, 46, 31, 4};
012
013     for(int k = 9; k > 0; k--){
014        //printf("%d 度目￥n", 10 - k);
015        for(int j = 0; j < k; j++){
016           if(kazu[j] > kazu[j+1]){
017              // 入れ替え
018              int temp = kazu[j];
019              kazu[j] = kazu[j+1];
020              kazu[j+1] = temp;
021           }
022           // 表示
023           DrawGraph();
024        }
025     }
026  }
027
028  void DrawGraph(){
029     for(int i = 0; i < 10; i++){
030        int y = 60 + i * 36;
031        int w = kazu[i]*5;
032        if( i == j ) gcolor(255, 128, 0);
033        else gcolor(0, 128, 255);
034        gbox(60, y, w, 32);
035        gcolor(200, 200, 200);
036        gbox(60+w, y, 540-w, 36);
037        //printf("%d￥t", kazu[i]);
038     }
039  }
```

❌ C3861	'DrawGraph': 識別子が見つかりませんでした	chap4-1	main.cpp	23
❌ C2065	'kazu': 定義されていない識別子です。	chap4-1	main.cpp	31
❌ C2065	'j': 定義されていない識別子です。	chap4-1	main.cpp	32

エラー一覧　出力

⊕ コンパイルエラーが表示された

　ビルドするとコンパイルエラーが5つも表示されてしまいました。実は単純に関数から関数へ文を移動するだけではダメなのです。

☆ 関数のプロトタイプ宣言を書く

　「C3861」のコンパイルエラーは「DrawGraph：識別子が見つかりませんでした」というものです。23行目と表示されているので、エラーの原因はmain関数からDrawGraph関数を呼び出しているところですね。識別子（しきべつし）というのは簡単にいえば「名前」のことで、「DrawGraph：識別子が見つからない」は「DrawGraphという名前の意味がわからない」という意味です。すぐ下で関数を定義しているのに変ですね。

　実は、**呼び出し場所よりも後で関数を定義している**ことが問題なのです。
　C言語のコンパイラは、つねに上の行から順にコンパイルしていき、関数や変数の定義を見つけるとその名前を理解するようになります。DrawGraph関数の定義は28行目から始まるため、27行以前で呼び出すと理解できずにエラーになるのです。
　この問題を解決するには2つの方法があります。

❶DrawGraph関数の定義をmain関数より前に移動する
❷DrawGraph関数の**プロトタイプ宣言（せんげん）**を書く

　どちらでもいいのですが、main関数が上にあったほうが流れがつかみやすいので、❷のプロトタイプ宣言を書く方法を採りましょう。
　プロトタイプ宣言というのは、**関数の型と名前だけを取り出したもの**です。コンパイラはプロトタイプ宣言を見つけると、「ここには名前と型しか書いてないけど、**そういう関数がどこかにある**のだな」と理解してコンパイルを続けてくれるのです（結局見つからない場合はリンクエラーが発生します）。
　プロトタイプ宣言は**関数のブロックの外**に書かなければいけません。また、引数の「()」の後に「;(セミコロン)」を付けます。

```
main.cpp
001  #include <GConsoleLib.h>
002  #include <stdio.h>
003
004  void DrawGraph();   // 関数プロトタイプ宣言
005
006  int main(){
007      gfront();
008      gcls();
009
010      gcolor(200, 200, 200);
011      gbox(40, 40, 560, 400);
                                    ……後略……
```

　この状態でビルドすると、コンパイルエラーは4つに減るはずです。1つのエラーが他のエラーの原因になっている場合もあるので、慣れないうちは**1つ修正するたびにビルドしたほうがいい**でしょう。今回は違いますが、1カ所直しただけですべてが解決する場合もあります。

　ちなみにこれまで何度かインクルードしてきたヘッダファイルというのは、**関数のプロトタイプ宣言や定数の定義をまとめたもの**です。それをインクルード文で取り込んでコンパイラに**関数の名前と型を理解させる**と、その関数を使えるようになるわけです。
　VSC2019では、インクルード文を右クリックして〈ドキュメントに移動<○○.h>〉を選択すると、ヘッダファイルを開いて見ることができます。たいていのソースコードには、中にたくさんのプロトタイプ宣言があるはずです。

インクルード文を右クリックして
〈ドキュメントに移動<○○.h>〉を選択

ヘッダファイルが開かれた

☆ ローカル変数は関数のブロックを超えられない

「C2065」のエラーは「定義されていない識別子です」というもので、31行目の「kazu」
と32行目の「j」で表示されています。どちらも変数の名前です。

実はこんなルールがあるのです。

・ブロック内で定義した変数は、そのブロックの中でしか使えない

kazuはmain関数の中で、jはfor文のブロックの中で定義しているため、そのブロック
の終わりを表す「}」までの範囲でしか使えないのです。変数が使える範囲のことを**スコー
プ (Scope)** と呼びます。Scopeと聞くと望遠鏡や顕微鏡を想像するかもしれませんが、
ここでは「範囲」という意味で使われています。また、**変数の寿命**ということもあります。

```
int main(){
    gfront();
    gcls();

    gcolor(200, 200, 200);
    gbox(40, 40, 560, 400);

    int kazu[] = {72, 13, 62, 22, 15, 98, 36, 46, 31, 4};    ← kazu のスコープ

    for(int k = 9; k > 0; k--){
        //printf("%d 度目 ¥n", 10 - k);                      ← k のスコープ
        for(int j = 0; j < k; j++){
            if(kazu[j] > kazu[j+1]){                         ← j のスコープ
                // 入れ替え
                int temp = kazu[j];
                kazu[j] = kazu[j+1];                         ← temp のスコープ
                kazu[j+1] = temp;
            }
            // 表示
            DrawGraph();
        }
    }
}

void DrawGraph(){
    for(int i = 0; i < 10; i++){                             ← i のスコープ
        int y = 60 + i * 36;
        int w = kazu[i]*5;                                   ← y のスコープ
        if( i == j ) gcolor(255, 128, 0);
        else gcolor(0, 128, 255);
        gbox(60, y, w, 32);                                  ← w のスコープ
        gcolor(200, 200, 200);
        gbox(60+w, y, 540-w, 36);
        //printf("%d¥t", kazu[i]);
    }
}
```

「なんでこんな面倒なルールが？」と思われるかもしれませんね。でも逆にすべての変数が共通だったとしたら、別の問題が出てきます。それは、**プログラム全体をチェックしないと変数の状態が理解できなくなってしまう**ことです。

この本のサンプルのように短いソースコードならいいですが、本格的にプログラムを作り始めれば全体が数百行や数千行を超えることも珍しくありません。100行目で誤って変数に代入した数値が原因で他の場所でエラーが起きたとしたら……。離れた場所にある別の変数に、うっかり同じ名前を付けてしまったせいでエラーが起きたとしたら……。これらの問題を解決するのは大変です。

しかし、スコープの制限があれば、そのブロックの中だけ注意していればいいことになるのです。

🔻 みんなが使える変数はちゃんと管理していないと中身がわからなくなるが、ブロックそれぞれが自分の変数を持っていれば管理は楽

スコープが重なっていなければ、**名前が同じでも別の変数**として扱われます。

たとえば、次のようにスコープ内で同名の変数を定義するとコンパイルエラーになりますが……

```
for(int i=0; i<10; i++){
    for(int i=0; i<10; i++){
    繰り返し処理
    }
}
```

スコープ内で変数の定義が重複している

4-5
関数を使ってソースコードを見やすくしよう

次のようにブロックが違えば、別の変数なのでエラーにはなりません。

```
for(int i=0; i<10; i++){
        繰り返し処理
}
for(int i=0; i<10; i++){
        繰り返し処理
}
```

> スコープ外なので
> まったく別の変数

もちろん違う関数のブロック内で定義した変数なら完全に別ものです。

```
int main(){
        int x, y;
        main 関数の処理
}
int DrawGraph(){
        int x, y;
        DrawGraph 関数の処理
}
```

> スコープ外なので
> まったく別の変数

このルールのおかげで、「座標を記録するときはいつもxとy」「for文の回数を数えるときはいつもi」といった具合に**用途ごとに名前を決めてしまえる**ので、変数の名前付けに頭を悩ませなくてもよくなります。

☆ スコープの制限を超えるには？

さて、スコープの意味やメリットを説明しましたが、DrawGraph関数のエラーを解決するには、スコープの制限を超えなければいけません。スコープの制限を超える方法には次の2つがあります。

❶グローバル変数にする
❷関数の引数を使って渡す

グローバル変数 (Global Variable) とは、関数のブロックの外で定義した変数のことです。グローバル変数にはスコープの制限はありません。というよりも、**プログラム全体がグローバル変数のスコープ**なのです。グローバル変数はどの関数からも利用でき、そこに記憶されたデータはプログラムが終了されるまで記憶され続けます。

それに対し、ブロック内で定義した変数は、定義した時に誕生し、ブロックを出るととも

に消滅します。一番寿命が長いものでも、関数のブロックの終わりまでしか存在できません。そのため、全域を意味する「グローバル」と区別して、地元や局所という意味を持つ**ローカル変数 (Local Variable)** と呼びます。

　グローバル変数は使いすぎてはいけません。先ほどローカル変数のメリットを説明しましたが、逆のいい方をするとグローバル変数にはそれらのメリットがないのです。プログラムのどこからでも利用できるためにエラーの原因となりやすく、プログラム中で重ならない名前を付けなければいけません。

　グローバル変数とローカル変数の違いは、**長く使える立派なツボやグラスと、使い捨ての紙コップ**のようなものです。立派なツボやグラスは長持ちしますが、誰が使ったか、中に何が入っているかに注意して管理しなければいけません。紙コップは短い間しか使えませんが、取り出したときはいつも新品なので気にせず好きなように使えます。

　グローバル変数は次の条件を満たすときだけ使うといいでしょう。

• プログラムの様々な場所から利用する
• 長期間データを保存し続ける必要がある

　現在作っているプログラムの中では、10個の数値を記憶する配列変数kazuが条件に合います。kazuをグローバル変数にすることにしましょう。

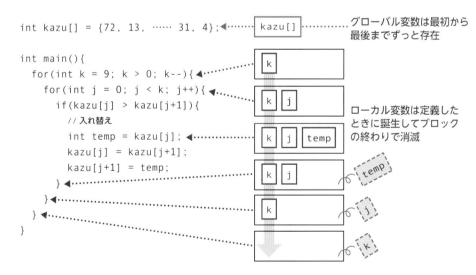

```
int kazu[] = {72, 13, …… 31, 4};        kazu[]          グローバル変数は最初から
                                                          最後までずっと存在

int main(){
  for(int k = 9; k > 0; k--){             k
    for(int j = 0; j < k; j++){           k   j
      if(kazu[j] > kazu[j+1]){                              ローカル変数は定義した
        // 入れ替え                                          ときに誕生してブロック
        int temp = kazu[j];               k   j   temp     の終わりで消滅
        kazu[j] = kazu[j+1];
        kazu[j+1] = temp;
      }                                   k   j        temp
    }
  }                                       k             j
}
                                                        k
```

🔆 プログラム全体で長く使えるグローバル変数と、ブロック内で使い捨てるローカル変数

main関数の中にあるkazuの定義を、切り取り＆貼り付けでブロックの外に移動します。グローバル変数を定義する場所は、関数のブロックの外ならどこでも構いませんが、**最初に利用する場所より前**でなければいけません。

```
main.cpp
001  #include <GConsoleLib.h>
002  #include <stdio.h>
003
004  void DrawGraph();   // 関数プロトタイプ宣言
005
006  int kazu[] = {72, 13, 62, 22, 15, 98, 36, 46, 31, 4};
007
008  int main(){
009      gfront();
010      gcls();
011
012      gcolor(200, 200, 200);
013      gbox(40, 40, 560, 400);
014
015      for(int k = 9; k > 0; k--){
016          //printf("%d 度目¥n", 10 - k);
017          for(int j = 0; j < k; j++){
018              if(kazu[j] > kazu[j+1]){
                                    ……後略……
```

これでエラーは残り2つとなりました。

今回は少ない変更で済むように定義の場所を移動するだけで済ませましたが、本当ならグローバル変数に使う名前は、**重ならないように**よく考えて決めなければなりません。また、ローカル変数と間違えないようにする工夫も必要です。

よくある命名ルールに、先頭にグローバル変数であることを示す「g_（ジーとアンダーバー）」を付けるというものがあります。グローバル変数であることが一目で区別できるだけでなく、「g_」まで入力して Ctrl + space キーを押せばインテリセンスの働きですばやく入力できます（P.66参照）。

☆ 引数を使って関数にデータを渡す

　最後に残った変数jですが、これはDrawGraph関数を実行している間だけあればいいものです。グローバル変数にするよりも、関数の引数にしたほうがいいでしょう。

　DrawGraph関数の定義の「( )」内に**引数の定義**を加えます。関数は定義した場所と使う (呼び出す) 場所が離れています。ですから、呼び出すときに**何のデータを渡せばいいか**すぐにわかるような名前を付けなければいけません。

　DrawGraph関数で変数jを渡すのは、比較&入れ替えの対象にしている要素の色を変えるためです。「対象」を意味する「target」という名前を付けることにしましょう。関数の定義に引数を追加したときは、忘れずに**関数プロトタイプ宣言**も変更しましょう。

```cpp
001 #include <GConsoleLib.h>
002 #include <stdio.h>
003
004 void DrawGraph(int); // 関数プロトタイプ宣言
005
006 int kazu[] = {72, 13, 62, 22, 15, 98, 36, 46, 31, 4};
007
008 int main(){
009     gfront();
010     gcls();
011
012     gcolor(200, 200, 200);
013     gbox(40, 40, 560, 400);
014
015     for(int k = 9; k > 0; k--){
016         //printf("%d 度目 ¥n", 10 - k);
017         for(int j = 0; j < k; j++){
018             if(kazu[j] > kazu[j+1]){
019                 // 入れ替え
020                 int temp = kazu[j];
021                 kazu[j] = kazu[j+1];
022                 kazu[j+1] = temp;
023             }
024             // 表示
025             DrawGraph(j); //DrawGraph 関数に変数 j を渡す
026         }
027     }
028 }
```

main.cpp

```
029
030    void DrawGraph(int target){       // 引数 target として受け取る
031        for(int i = 0; i < 10; i++){
032            int y = 60 + i * 36;
033            int w = kazu[i]*5;
034            if( i == target ) gcolor(255, 128, 0);    //target に名前変更
035            else gcolor(0, 128, 255);
036            gbox(60, y, w, 32);
037            gcolor(200, 200, 200);
038            gbox(60+w, y, 540-w, 36);
039            //printf("%d¥t", kazu[i]);
040        }
041    }
```

これでエラーは出なくなったはずです。実行して確認してみてください。

　引数は一種のローカル変数なので、スコープは関数のブロックの最後までです。引数や関数のブロック内で定義したローカル変数は、**関数が呼び出されるたびに誕生し**、脱出したときに消滅します。勘違いしやすい点ですが、次に関数を呼び出したときは、**前回呼び出したときにローカル変数に記憶した内容は残っていません**。

　前回呼び出し時の状態を記憶しておく必要があるときは、呼び出し元の関数で覚えておいて毎回引数として渡すか、グローバル変数にします。

静的変数

　静的変数 (Static Variable) とは、ローカル変数のように関数の**外から見えない**のに、グローバル変数のように**プログラム終了時までデータが消えない**変数です。関数の中で、どうしても前回の状態を記憶しておきたいが、他の関数から利用されることは避けたい場合に使います。ローカル変数やグローバル変数に比べると、あまり使われません。

　静的変数を定義するには、型の前にstaticキーワードを付けます。

＊静的変数の定義

```
static 型 変数の名前;
例：static int s_var;
```

☆ 関数から呼び出し元の変数は変更できない

　DrawGraph関数の引数targetには、main関数のローカル変数jを渡しています。では、DrawGraph関数の中でtargetの値を変更したら、変数jはどうなるのでしょうか？

　答えは、「まったく変化しない」です。

　関数を呼び出すときに、引数に指定した**数値や変数の完全な**コピーが作られます。関数のブロック内から利用されるのはコピーなので、その内容を変更しても呼び出し元には影響しません。

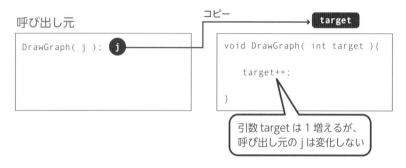

　ですから次のように、引数として渡した変数の内容を入れ替えるirekae関数を作っても、呼び出し元の変数kazu[j]とkazu[j+1]の内容が入れ替わることはありません。

```
int main(){
                              ……中略……
  for(int j = 0; j < k; j++){
    if(kazu[j] > kazu[j+1]){
      irekae(kazu[j], kazu[j+1]);      // 入れ替え

    }
    // 表示
    DrawGraph(j);
  }
                              ……中略……
}

void irekae(int a, int b){    // この関数は一見ちゃんと動くように見えるが
  int temp = a;               // 引数が入れ替わるだけなので呼び出し元には影響しない
  a = b;
  b = temp;
}
```

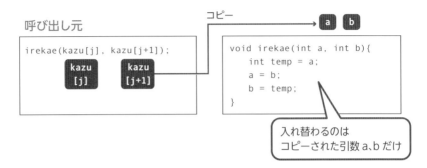

呼び出し元

```
irekae(kazu[j], kazu[j+1]);
```

kazu
[j]

kazu
[j+1]

コピー

a b

```
void irekae(int a, int b){
    int temp = a;
    a = b;
    b = temp;
}
```

入れ替わるのは
コピーされた引数 a,b だけ

　こういう仕組みになっているのは、関数を呼び出したときに**予想外の変化が起きないようにする**ためです。たとえば、DrawGraph 関数を呼び出したときに、引数に渡した変数の内容が変わってしまうとしたらどうでしょうか？　グラフを表示するだけでなぜ変数の内容が変わってしまうのか理解できないはずです。

　こういう問題が起きないよう、関数の中から呼び出し元の変数を変更できない決まりになっているのです。

　しかし、すでに気づいた人もいるかもしれませんが、この決まりの例外がすでに登場していますね。それはデータを入力する scanf 関数です。scanf 関数では、引数に指定した変数に数値を記憶させることができました。その種明かしは最後の第 7 章まで取っておきましょう。

複数のソースコードから 1 つのプログラムを作るには

　複数のソースコードからプログラムを作る場合は、ヘッダファイルの中に**関数プロトタイプ宣言**や**定数の定義**を書き (P.153 参照)、各ソースコードにインクルードします。これで他のソースコードの中で定義されている関数が利用できるようになります。

　また、他のソースコードの中で定義されているグローバル変数を使いたい場合は、その**エクスターン (Extern) 宣言**をヘッダファイルに追加します。

＊エクスターン宣言の書き方

```
extern 型 変数名 ;        // そのグローバル変数がどこかにあることを表す
```

　また、第 7 章で説明する構造体 (P.248 参照) の定義なども、ヘッダファイルに書いてインクルードします。

Chapter 5

ロールプレイング風ゲームを作ってみよう

〜ループと配列変数の応用〜

2〜4章で覚えた知識を組み合わせて、ロールプレイングゲーム風の迷路ゲームを作成しましょう。ゲームそのものはかなりシンプルですが、ループや配列変数、関数などのより実践的な使い方を学ぶことができます。

RPGの
マップを表示する

RPGのマップは小さな部品の集まりでできています。どこにどの部品を表示するかを表すマップデータを「多次元の配列変数」に記録しておき、縦と横の多重ループを使って表示していきます。

☆ マップは縦と横の配列データ

　堅いお勉強が続いたので、そろそろゲームらしいものを作ってみましょう。Role Playing Game(RPG) などはいかがでしょうか？　RPGといっても見た目だけ。実際は迷路をゴールまで移動する程度で、モンスターなどは出てきません。しかし、ここで解説する**マップ表示方法**は本物のRPGやアクションゲーム、パズルゲームなどでも使われており、色々と応用が利くテクニックです。

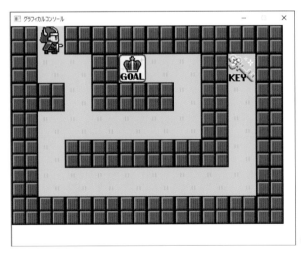

⊕RPG風迷路ゲーム

　よくあるRPGのマップは、地面や壁などの小さな画像が、縦と横に規則正しく並んで作られています。このような表示を行うには、**マップの部品の画像データ**とどこにどの画像を表示するかを記録した**マップデータ**が必要です。

マップデータには部品の種類を表す数値を記憶させておき、それに合わせた画像を表示します。

⬆ ゲームで使用する5枚の画像。サイズはすべて62×62ピクセル

マップデータを記録するために、マップの縦×横の要素を持つ配列変数を作成します。このようなときに使うと便利なのが、<ruby>多次元配列<rt>たじげんはいれつ</rt></ruby>（<ruby>Multidimensional arrays<rt>マルチディメンショナル アレイズ</rt></ruby>）です。多次元配列とは複数の添え字を持つ配列変数で、「**型　配列変数名[要素数][要素数]**」の形で宣言します。添え字が2個なら2次元配列、3個なら3次元配列、4個なら4次元……といった具合になります。

```
int g_mapdata[7][10];
```

g_mapdata[0][0]

1	0	1	1	1	1	1	1	1	1
1	0	0	1	2	0	0	1	3	1
1	1	0	1	1	1	0	1	0	1
1	0	0	0	0	0	0	1	0	1
1	0	1	1	1	1	1	1	0	1
1	0	0	0	0	0	0	0	0	1
1	1	1	1	1	1	1	1	1	1

g_mapdata[6][9]

0……地面、1……壁、2……ゴール、3……鍵

メモリ上での並び方

[0][0]
[0][1]
[0][2]
[0][3]
[0][4]
[0][5]
[0][6]
[0][7]
[0][8]
[0][9]
[1][0]
[1][1]
⋮

マップデータのように縦横のデータを記録する場合、座標の (x, y) とは逆に**[縦 (y) の要素数][横 (x) の要素数]の順番**で定義したほうが便利です。なぜなら、2次元配列を初期化するときは、1次元目の「{ }（中カッコ）」の中に2次元目の「{ }」を入れ子にしてデータを書きます。そのため、縦 (y) を2次元目にすると、**縦と横が逆になってしまってとてもわかりにくくなる**のです。

[縦(y)][横(x)]の場合	[横(x)][縦(y)]の場合
<pre>int g_mapdata[7][10] = {
//x= 0 1 2 3 4 5 6 7 8 9
{0,1,2,3,4,5,6,7,8,9},   //y=0
{0,1,2,3,4,5,6,7,8,9},   //y=1
{0,1,2,3,4,5,6,7,8,9},   //y=2
{0,1,2,3,4,5,6,7,8,9},   //y=3
{0,1,2,3,4,5,6,7,8,9},   //y=4
{0,1,2,3,4,5,6,7,8,9},   //y=5
{0,1,2,3,4,5,6,7,8,9}   //y=6
};</pre>	<pre>ing g_mapdata[10][7] = {
//y= 0 1 2 3 4 5 6
{0,1,2,3,4,5,6},   //x=0
{0,1,2,3,4,5,6},   //x=1
{0,1,2,3,4,5,6},   //x=2
{0,1,2,3,4,5,6},   //x=3
{0,1,2,3,4,5,6},   //x=4
{0,1,2,3,4,5,6},   //x=5
{0,1,2,3,4,5,6},   //x=6
{0,1,2,3,4,5,6},   //x=7
{0,1,2,3,4,5,6},   //x=8
{0,1,2,3,4,5,6}   //x=9
};</pre>

　では、そろそろソースコードを書き始めましょう。新たにプロジェクト「chap5-1」を作成してソースコード「main.cpp」を追加してください（P.70 〜 73参照）。

⊕ プロジェクト「chap5-1」を作成して「main.cpp」を追加

　マップデータは配列変数g_mapdata（ジー・マップデータ）に記録します。横のサイズは10、縦のサイズは7とし、それぞれMAXWIDTH（マックスウィッズ）、MAXHEIGHT（マックスハイト）という定数を定義しておきます。2次元配列の初期化データを入力するときは、入力の目安になるコメント文を付けておくと間違いにくくなります。また、最後の行にはカンマを付けないことに注意してください。

```
main.cpp
001  #include <GConsoleLib.h>
002  #include <stdio.h>
003
004  // マップデータ
005  #define MAXWIDTH 10
006  #define MAXHEIGHT 7
007  int g_mapdata[MAXHEIGHT][MAXWIDTH] = {
008    // 0  1  2  3  4  5  6  7  8  9
009    {  1, 0, 1, 1, 1, 1, 1, 1, 1, 1},//0
010    {  1, 0, 0, 1, 2, 0, 0, 1, 3, 1},//1
```

```
011     {  1, 1, 0, 1, 1, 1, 0, 1, 0, 1},//2
012     {  1, 0, 0, 0, 0, 0, 0, 1, 0, 1},//3
013     {  1, 0, 1, 1, 1, 1, 1, 1, 0, 1},//4
014     {  1, 0, 0, 0, 0, 0, 0, 0, 0, 1},//5
015     {  1, 1, 1, 1, 1, 1, 1, 1, 1, 1} //6
016  };
017
018  int main(){
019  }
```

☆ マップを表示する関数を書く

　マップを表示する処理は、DrawMap（ドローマップ）という名前の独立した関数に書くことします。横×縦にマップの部品を並べていく部分は、for文を2つ組み合わせた多重ループ（P.136参照）にすることは、うすうすお気づきかと思います。問題はマップデータに記憶した数値をもとに画像を表示する部分です。**数値に対応する画像のファイルパスを指定しなくて**はいけません。

　次のようにswitch文（P.110参照）を使って、それぞれの部品を表示する手もあるのですが、部品の数が増えるとどんどんプログラムが長くなるという欠点があります。しかも、次のようにファイルパス以外はほとんど同じ行が続くのはよくありませんね。

```
for(int y=0; y<MAXHEIGHT; y++){
    for(int x=0; x<MAXWIDTH; x++){
        switch(g_mapdata[y][x]){
        case 0:
            gimage("C:\\GConsole追加ファイル\\sampleimg\\chap5-1-field.png",
                x*62, y*62);
            break;
        case 1:
            gimage("C:\\GConsole追加ファイル\\sampleimg\\chap5-1-wall.png",
                x*62, y*62);
            break;
                              ……後略……
```

　ここも配列変数を使えば、もっとスマートに書くことができます。**画像ファイルパス用の配列変数**を用意し、[0]には地面の画像のファイルパス、[1]には壁の画像のファイルパスといった具合に入れておけば、1行ですべての部品を表示できるのです。

5-1

RPGのマップを表示する

```
for(int y=0; y<MAXHEIGHT; y++){
        for(int x=0; x<MAXWIDTH; x++){
                gimage(g_images[mapdata[y][x]], x*62, y*62);
        }
}
```

　複数のファイルパス、つまり複数の文字列を記憶する配列変数は、次のように定義します。

```
const char * 配列変数名 [] = {
        " 文字列 1 ", " 文字列 2 ", " 文字列 3 "……
};
```

　配列変数名の前に「*（アスタリスク）」が付いているのがポイントなのですが、これについては次の第6章で説明しましょう。ここでは、

　　• 文字列リテラルを変数に記憶するときは「const char *」という型にする

のだと覚えておいてください。

　この方針で作ったのが次のソースコードです。画像のファイルパスを記憶する配列変数の名前はg_images（ジー・イメージス）とします。ファイルパスを間違えないよう注意してくださいね。

main.cpp

```
001  #include <GConsoleLib.h>
002  #include <stdio.h>
003
004  // マップデータ
005  #define MAXWIDTH 10
006  #define MAXHEIGHT 7
007  int g_mapdata[MAXHEIGHT][MAXWIDTH] = {
008     // 0 1 2 3 4 5 6 7 8 9
009     { 1, 0, 1, 1, 1, 1, 1, 1, 1, 1},//0
010     { 1, 0, 0, 1, 2, 0, 0, 1, 3, 1},//1
011     { 1, 1, 0, 1, 1, 1, 0, 1, 0, 1},//2
012     { 1, 0, 0, 0, 0, 0, 0, 1, 0, 1},//3
013     { 1, 0, 1, 1, 1, 1, 1, 1, 0, 1},//4
014     { 1, 0, 0, 0, 0, 0, 0, 0, 0, 1},//5
015     { 1, 1, 1, 1, 1, 1, 1, 1, 1, 1} //6
```

```
016  };
017
018  // マップの部品の画像
019  const char *g_images[] = {
020    "C:¥¥GConsole追加ファイル¥¥sampleimg¥¥chap5-1-field.png",
021    "C:¥¥GConsole追加ファイル¥¥sampleimg¥¥chap5-1-wall.png",
022    "C:¥¥GConsole追加ファイル¥¥sampleimg¥¥chap5-1-goal.png",
023    "C:¥¥GConsole追加ファイル¥¥sampleimg¥¥chap5-1-key.png",
024    "C:¥¥GConsole追加ファイル¥¥sampleimg¥¥chap5-1-man.png"
025  };
026
027  // 関数プロトタイプ宣言
028  void DrawMap();
029
030  int main(){
031    gcls();
032    gfront();
033
034    DrawMap();
035  }
036
037  // マップ表示
038  void DrawMap(){
039    for(int y=0; y<MAXHEIGHT; y++){
040      for(int x=0; x<MAXWIDTH; x++){
041        gimage(g_images[g_mapdata[y][x]], x*62, y*62);
042      }
043    }
044  }
```

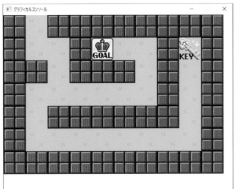

◆ マップが表示された

主人公のキャラクターも表示させましょう。主人公のマップ上の位置を記憶するグロー

バル変数g_x、g_yを定義し、そこに主人公の画像を表示します。

```
main.cpp
024                          ……前略……
025    "C:¥¥GConsole 追加ファイル ¥¥sampleimg¥¥chap5-1-man.png"
026 };
027
028 // 主人公の位置
029 int g_x = 1, g_y = 0;
030
031 // 関数プロトタイプ宣言
032 void DrawMap();
033
034 int main(){
035    gcls();
036    gfront();
037
038    DrawMap();
039 }
040
041 // マップ表示
042 void DrawMap(){
043    for(int y=0; y<MAXHEIGHT; y++){
044       for(int x=0; x<MAXWIDTH; x++){
045          gimage(g_images[g_mapdata[y][x]], x*62, y*62);
046       }
047    }
048    // 主人公表示
049    gimage(g_images[4], g_x*62, g_y*62);
    }
```

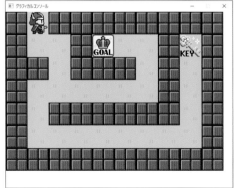

マップ上に主人公が表示された

マップを描き終わった後、主人公が表示されたはずです。

　グラフィカルコンソールの画面表示は、正直なところあまり速いとはいえません。コンソールアプリケーションがgimageなどの関数を呼び出すたびに、**「グラフィカルコンソールにメッセージ (命令) を送信→応答待ち」**という処理を挟むため、待機時間が長くなってしまうのです。今回のように表示する画像の数が多いと、表示している途中の画面が見えてしまいます。その代わり、**画面表示の過程をじっくり見ることができる**ので、どうやって表示しているのかを勉強するのには向いています。

　グラフィカルコンソールのように表示が遅い環境でプログラムを組む場合、実用的なゲームにするためにいろいろな工夫が必要になります。

　次のように、マップを表示する多重ループの中に主人公の表示処理を入れてしまえば、主人公がマップと同時に表示されるので、1画像分速くなります。

main.cpp#DrawMap 関数

```
040  // マップ表示
041  void DrawMap(){
042    for(int y=0; y<MAXHEIGHT; y++){
043      for(int x=0; x<MAXWIDTH; x++){
044        if(x == g_x && y == g_y){
045          // 主人公表示
046          gimage(g_images[4], g_x*62, g_y*62);
047        } else {
048          gimage(g_images[g_mapdata[y][x]], x*62, y*62);
049        }
050      }
051    }
052  }
```

　さらに表示を速くするには、変更があったところだけ描き直すというテクニックが有効です。今回のゲームであれば動くのは主人公だけなので、**主人公の移動前と移動後の2マスだけを描き直すだけでいい**はずです。これは後で試してみましょう。

171

5-2

キー入力に合わせて主人公を動かす

「W、S、A、D」の4つのキーを押して、主人公がマップ上を歩けるようにしましょう。キー入力には ggetchar 関数を使い、その結果を使って主人公の座標を動かしていきます。また表示を速くするための工夫も盛り込みます。

☆ キー入力に従ってキャラクターを動かす

主人公のキャラクターを動かす処理は意外と単純です。

❶入力

❷計算 $x = x + 1;$

❸表示 ▶▶▶

シンプルなゲームでも複雑な3Dゲームでもこの3ステップは変わらない！

　ゲームの種類によっては、その他の処理を付け加える必要がでてくるのですが、とりあえずできるところからやってしまいましょう。

　今回のゲームでは、W S A D の4つのキーで上下左右に移動することにします。1文字を入力する ggetchar 関数を使ってキーを読み取り、switch 文で x、y 座標を変更します。基本は第3章の switch 文のサンプル（P.114参照）でやったとおりです。
　また、一回移動しただけで終了しないよう、while 文で無限ループさせます（P.126参照）。

プログラムの終了条件は後で処理するので、while文の繰り返し条件には真を意味する「1」を指定しておきます。この状態だと、コマンドプロンプトを閉じるまでプログラムは終了しません。

```cpp
main.cpp
001  #include <GConsoleLib.h>
002  #include <stdio.h>
003
004  // マップデータ
005  #define MAXWIDTH 10
006  #define MAXHEIGHT 7
007  int g_mapdata[MAXHEIGHT][MAXWIDTH] = {
008    // 0  1  2  3  4  5  6  7  8  9
009    {  1, 0, 1, 1, 1, 1, 1, 1, 1, 1},//0
010    {  1, 0, 0, 1, 2, 0, 0, 1, 3, 1},//1
011    {  1, 1, 0, 1, 1, 1, 0, 1, 0, 1},//2
012    {  1, 0, 0, 0, 0, 0, 0, 1, 0, 1},//3
013    {  1, 0, 1, 1, 1, 1, 1, 0, 0, 1},//4
014    {  1, 0, 0, 0, 0, 0, 0, 0, 0, 1},//5
015    {  1, 1, 1, 1, 1, 1, 1, 1, 0, 1} //6
016  };
017
018  // マップの部品の画像
019  char *g_images[] = {
020    "C:\\GConsole 追加ファイル\\sampleimg\\chap5-1-field.png",
021    "C:\\GConsole 追加ファイル\\sampleimg\\chap5-1-wall.png",
022    "C:\\GConsole 追加ファイル\\sampleimg\\chap5-1-goal.png",
023    "C:\\GConsole 追加ファイル\\sampleimg\\chap5-1-key.png",
024    "C:\\GConsole 追加ファイル\\sampleimg\\chap5-1-man.png"
025  };
026
027  // 主人公の位置
028  int g_x = 1, g_y = 0;
029
030  // 関数プロトタイプ宣言
031  void DrawMap();
032
033  int main(){
034    gcls();
035    gfront();
036
037    while(1){                        ❶画面の表示
038      DrawMap();
```

5-2

キー入力に合わせて主人公を動かす

```
039
040        glocate(0,19); gcolor(128,0,0);
041        gprintf(" コマンド（左 A、上 W、下 S、右 D）？     ");
042        glocate(32,19);
043        char ch = ggetchar();
044        switch(ch){
045          case 'W':
046          case 'w':
047            g_y--;
048            break;
049          case 'S':
050          case 's':
051            g_y++;
052            break;
053          case 'A':
054          case 'a':
055            g_x--;
056            break;
057          case 'D':
058          case 'd':
059            g_x++;
060            break;
061        }
062     }
063  }
064                        ……後略……
```

❷キーの入力

❸x、y座標の変更

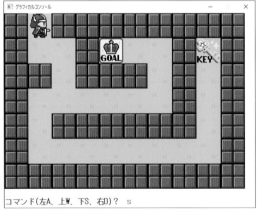

コマンド(左A、上W、下S、右D)？ s

❻「s」と入力して Enter キーを押すと……

ロールプレイング風ゲームを作ってみよう　〜ループと配列変数の応用〜

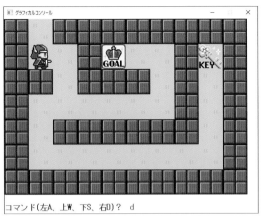

⑥下へ移動する。さらに「d」と入力して
Enter キーを押すと……

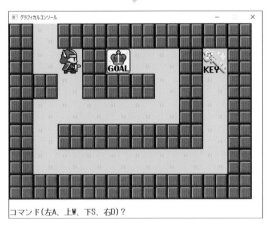

⑥右へ移動する

❶画面の表示

while文のブロックの先頭でDrawMap関数を呼び出します。

❷キーの入力

前回の入力文字を消すために、gprintf関数で表示する文字列の末尾に全角スペースを何個か入れて上書きします。そのままだと全角スペースの後にggetchar関数のカーソルが表示されてしまうため、glocate文でカーソル位置を移動しています。

❸x、y座標の変更

ggetchar関数の結果を変数chに代入し、switch文でキーを押した方向に移動するようg_x、g_yを変更しています。右または下に移動する場合は変数を1増やし、上または左に移動する場合は1減らします。

移動範囲を制限する

　この移動プログラムをちょっといじると、致命的な不具合に気がつくと思います。ひとつは壁に乗れてしまうこと、もうひとつは画面の外に飛び出せてしまうことです。

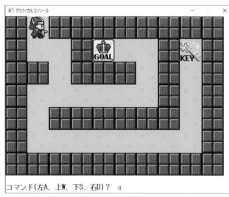

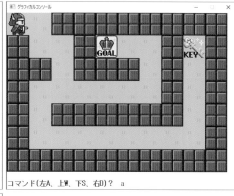

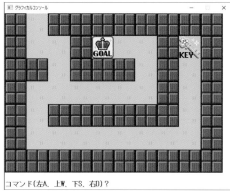

←「a」を入力して左へ移動すると、主人公が壁にのってしまい、さらに左へ移動すると画面の外に飛び出してしまう

　まったくチェックしていませんから当たり前ですね。主人公の移動範囲を、g_xが0～9の間、g_yが0～6の間に制限し、移動先が壁なら移動をやめさせなければいけません。移動先のチェックをするには、g_x、g_yをいきなり変える前に、**移動しようとしている座標**を求めるようにし、その座標で問題なければg_x、g_yを変更するようにします。

main.cpp

```
……前略……
033  int main(){
034    gcls();
035    gfront();
036
```

```
037    while(1){
038      DrawMap();
039
040      glocate(0,19); gcolor(128,0,0);
041      gprintf("コマンド (左A、上W、下S、右D) ?    ");
042      glocate(32,19);
043      char ch = ggetchar();
044      int newx=g_x, newy=g_y;
045      switch(ch){
046        case 'W':
047        case 'w':
048          newy--;
049          break;
050        case 'S':
051        case 's':
052          newy++;
053          break;
054        case 'A':
055        case 'a':
056          newx--;
057          break;
058        case 'D':
059        case 'd':
060          newx++;
061          break;
062      }
063      // 移動チェック
064      if(newx >=0 && newx < MAXWIDTH && newy >=0 && newy < MAXHEIGHT){
065        // 壁かどうかチェック
066        if(g_mapdata[newy][newx]!=1){
067          g_x = newx;
068          g_y = newy;
069        }
070      }
071    }
072  }
```

❶移動先の座標を求める

❷移動範囲の制限

❸マップデータの確認

❶移動先の座標を求める

　ローカル変数newx、newyを定義し、g_x、g_yで初期化します。この時点で
newx、newyは主人公の現在位置を表しています。次にswitch文でg_x、g_yの代わ
りに、newx、newyを変化させます。これでnewx、newyは**次に移動しようとして
いる位置**を示すことになります。

❷移動範囲の制限

newx、newy が 0 ～ MAXWIDTH 未満、0 ～ MAXHEIGHT 未満であることを if 文と & 演算子でチェックします。結果が真であれば、❸ の if 文に進みます。結果が偽の場合は何もしないため、g_x、g_y は変化しません。

❸マップデータの確認

配列変数 g_mapdata の newx、newy の位置にある要素をチェックします。壁 (1) のときだけ移動できないため、それ以外であれば g_x、g_y に代入して移動させます。壁のときは何もしないため、g_x、g_y は変化しません。

マップデータの配列変数をチェックする際は、添え字の最大値を超えないようにしなければいけません。この例では ❷ の if 文で範囲内に入っているときしか ❸ の処理には進まないため、最大値を超えることはありません。

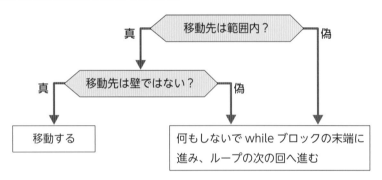

☆ 表示速度をアップする

前セクションの最後で簡単に紹介したように、マップ全体を描き直す代わりに、**主人公の移動前と移動後の 2 マス**だけを描き直すように改良して表示速度を上げましょう。

そのためには、移動前の座標と移動後の座標が必要です。67 行目で g_x に newx を代入する直前であれば、g_x、g_y に移動前、newx、newy に移動後の座標が入っている状態になっています。そのタイミングで描き直しを行います。描き直しをする処理は RedrawMap という関数に書くことにします。

ロールプレイング風ゲームを作ってみよう ～ループと配列変数の応用～

main.cpp

```
                      ……前略……
027  // 主人公の位置
028  int g_x = 1, g_y = 0;
029
030  // 関数プロトタイプ宣言
031  void DrawMap();
032  void RedrawMap(int, int, int, int);
033
034  int main(){
035    gcls();
036    gfront();
037
038    DrawMap();   // マップ全体を表示
039
040    while(1){
041      glocate(0,19); gcolor(128,0,0);
042      gprintf(" コマンド（左A、上W、下S、右D）？     ");
043      glocate(32,19);
044      char ch = ggetchar();
045      int newx=g_x, newy=g_y;
046      switch(ch){
047        case 'W':
048        case 'w':
049          newy--;
050          break;
051        case 'S':
052        case 's':
053          newy++;
054          break;
055        case 'A':
056        case 'a':
057          newx--;
058          break;
059        case 'D':
060        case 'd':
061          newx++;
062          break;
063      }
064      // 移動チェック
065      if(newx >=0 && newx < MAXWIDTH && newy >=0 && newy < MAXHEIGHT){
066        // 壁かどうかチェック
067        if(g_mapdata[newy][newx]!=1){
```

移動

```
068          RedrawMap(g_x, g_y, newx, newy);
069          g_x = newx;
070          g_y = newy;
071        }
072      }
073    }
074  }
075  // マップ再描画（一部のみ）
076  void RedrawMap(int oldx, int oldy, int newx, int newy){
077    gimage(g_images[g_mapdata[oldy][oldx]], oldx*62, oldy*62);
078    gimage(g_images[4], newx*62, newy*62);
079  }
                              ……後略……
```

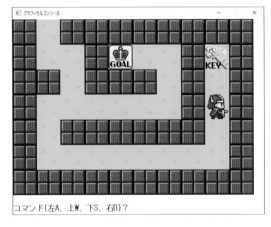

コマンド(左A、上W、下S、右D)？

⊙ 表示速度が上がって移動
しやすくなった

　RedrawMap関数では、oldx、oldy、newx、newyの4つの引数を取り、oldx、oldyの位置にマップの画像を、newx、newyの位置に主人公の画像を描画します。中の処理はDrawMap関数からコピーして、引数を変更しただけです。

　DrawMap関数は呼び出しをwhile文のブロックの前に移動しておきます。ループの中に入れておくと、毎回マップ全体が描画されて処理が遅くなるからです。マップ全体を表示するのは、プログラムを開始したときの1回だけで十分です。

　実行すると、かなりすばやく移動できるようになっています。前はループ1回ごとに、横10×縦7の70回画像を描画していたのに対し、今回は2回の描画で済んでいます。つまり、**単純計算で35倍高速化された**ことになります。

180

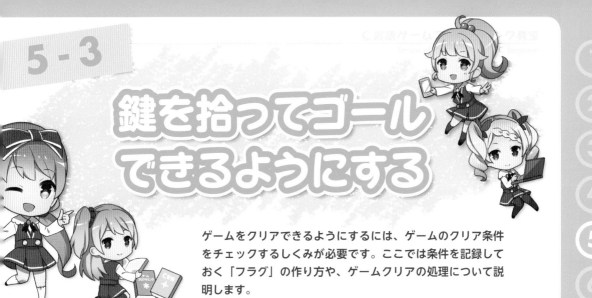

鍵を拾ってゴールできるようにする

ゲームをクリアできるようにするには、ゲームのクリア条件をチェックするしくみが必要です。ここでは条件を記録しておく「フラグ」の作り方や、ゲームクリアの処理について説明します。

☆ 鍵を拾ってフラグを立てる

このゲームではゴールの扉にたどり着いただけではクリアできません。先に鍵を拾っておく必要があります。ですから鍵を拾うしくみと、ゴールに到達したときに鍵を拾っているかどうかを確認するしくみが必要です。

主人公が鍵やゴールに重なったことを調べるのは、移動チェックの中でできます。そのときに鍵を拾ったことを記録しておかなければいけません。このような条件判定の結果を保存しておく変数のことを**フラグ (Flag)** といいます。

フラグはオンかオフの状態が記憶できればいいので、最低1ビットあれば記憶できます。フラグの数が多い場合は、int型変数の各ビットをフラグとして利用することもあります。

でも、今回のプログラムは１つしかフラグがないので、１フラグ＝１変数で十分です。

g_keyflag というグローバル変数を用意し、拾っていないときは０、拾ったら１を代入することにしましょう。これなら偽 (０) と真 (０以外) と同じなので (P.93参照)、if文で確認するときは「if(g_keyflag)」と書くだけで条件分岐できます。

まずは鍵を拾ったことの判定をします。グローバル変数g_keyflagを定義し、初期値として０を代入しておきます。これで**プログラムスタート時は鍵を拾っていないことになり**ます。移動チェックの中にswitch文を追加し、主人公が重なっているマップ上の場所の数値によって処理が分かれるようにします。数値が「３」であれば、鍵の上に重なっているので、g_keyflagに１を代入し、その場所の数値を地面を表す「０」にします。これで**鍵を拾うとマップ上から消滅します**。

```
main.cpp
                          ……前略……
027  // 主人公の位置
028  int g_x = 1, g_y = 0;
029  int g_keyflag = 0; // 鍵を拾ったフラグ
030
031  // 関数プロトタイプ宣言
032  void DrawMap();
033  void RedrawMap(int, int, int, int);
034
035  int main(){
036    gcls();
037    gfront();
038
039    DrawMap();   // マップ全体を表示
040
041    while(1){
042      glocate(0,19); gcolor(128,0,0);
043      gprintf("コマンド (左A、上W、下S、右D) ？     ");
044      glocate(32,19);
045      char ch = ggetchar();
046      int newx=g_x, newy=g_y;
047      switch(ch){
048        case 'W':
049        case 'w':
050          newy--;
051          break;
052        case 'S':
```

182

```
053        case 's':
054           newy++;
055           break;
056        case 'A':
057        case 'a':
058           newx--;
059           break;
060        case 'D':
061        case 'd':
062           newx++;
063           break;
064        }
065        // 移動チェック
066        if(newx >=0 && newx < MAXWIDTH && newy >=0 && newy < MAXHEIGHT){
067           // 壁かどうかチェック
068           if(g_mapdata[newy][newx]!=1){
069              // ゴールと鍵の処理
070              switch(g_mapdata[newy][newx]){
071                 case 3: // 鍵
072                    g_keyflag = 1;        // 鍵フラグオン
073                    g_mapdata[newy][newx] = 0; // 鍵を消す
074                    break;
075                 case 2:  // ゴール
076                    break;
077              }
078              RedrawMap(g_x, g_y, newx, newy);
079              g_x = newx;
080              g_y = newy;
081           }
082        }
083     }
084 }
085 // マップ再描画（一部のみ）
086 void RedrawMap(int oldx, int oldy, int newx, int newy){
087    gimage(g_images[g_mapdata[oldy][oldx]], oldx*62, oldy*62);
088    gimage(g_images[4], newx*62, newy*62);
089 }
```

……後略……

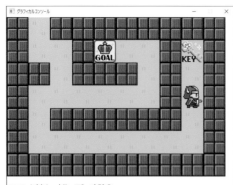

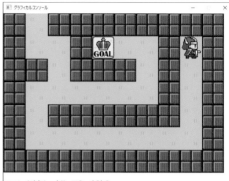

🔄 鍵に重なって離れると、鍵が
マップ上から消滅している

コラム
真と偽とbool型

　C言語では真は0以外の整数、偽は0ですが、C++では真偽を記録できるbool（ブール）という変数の型が追加されています。bool型にはtrue（トゥルー）またはfalse（フォルス）という値を代入することができます。bool型はC言語の真、偽と互換性が保たれているので、trueの代わりに1、falseの代わりに0を使うこともできます。今回のフラグのような目的なら、C++ではint型ではなくbool型を使うべきでしょう。

　また、それとは別にマイクロソフト製コンパイラでは、大文字のBOOLという型とTRUE、FALSEという定数を使うことができます。bool型は8ビット、BOOL型は32ビットという違いはありますが、C言語の真、偽やC++のbool型と互換性が保たれているため、混在して使うこともできます。普通はWindows用プログラムを作るときはBOOL型を使い、それ以外はbool型を使うのが一般的です。

　BOOL型を使うには「windows.h」というヘッダファイルをインクルードする必要があります。

ゴールでフラグを判定する

　次はゴールに到着したときに、鍵を持っているか持っていないかを判定し、持っていたらループを脱出してプログラムを終了します。チェック自体はif文を書くだけでいいのですが、break文ではswitch文とループの2つのブロックから一気に脱出することはできません。あまり望ましい書き方ではないのですが、goto文 (P.131参照) で脱出しましょう。

　これでひとまず完成となるので、ソースコード全体を省略なしで見せます。

main.cpp

```
001  #include <GConsoleLib.h>
002  #include <stdio.h>
003
004  // マップデータ
005  #define MAXWIDTH 10
006  #define MAXHEIGHT 7
007  int g_mapdata[MAXHEIGHT][MAXWIDTH] = {
008    // 0  1  2  3  4  5  6  7  8  9
009    { 1, 0, 1, 1, 1, 1, 1, 1, 1, 1},//0
010    { 1, 0, 0, 1, 2, 0, 0, 1, 3, 1},//1
011    { 1, 1, 0, 1, 1, 1, 0, 1, 0, 1},//2
012    { 1, 0, 0, 0, 0, 0, 0, 1, 0, 1},//3
013    { 1, 0, 1, 1, 1, 1, 1, 1, 0, 1},//4
014    { 1, 0, 0, 0, 0, 0, 0, 0, 0, 1},//5
015    { 1, 1, 1, 1, 1, 1, 1, 1, 1, 1} //6
016  };
017
018  // マップの部品の画像
019  const char *g_images[] = {
020    "C:\\GConsole 追加ファイル\\sampleimg\\chap5-1-field.png",
021    "C:\\GConsole 追加ファイル\\sampleimg\\chap5-1-wall.png",
022    "C:\\GConsole 追加ファイル\\sampleimg\\chap5-1-goal.png",
023    "C:\\GConsole 追加ファイル\\sampleimg\\chap5-1-key.png",
024    "C:\\GConsole 追加ファイル\\sampleimg\\chap5-1-man.png"
025  };
026
027  // 主人公の位置
028  int g_x = 1, g_y = 0;
029  int g_keyflag = 0; // 鍵を拾ったフラグ
030
031  // 関数プロトタイプ宣言
032  void DrawMap();
033  void RedrawMap(int, int, int, int);
```

```
034
035  int main(){
036    gcls();
037    gfront();
038
039    DrawMap();    // マップ全体を表示
040
041    while(1){
042      glocate(0,19); gcolor(128,0,0);
043      gprintf("コマンド (左A、上W、下S、右D) ?    ");
044      glocate(32,19);
045      char ch = ggetchar();
046      int newx=g_x, newy=g_y;
047      switch(ch){
048        case 'W':
049        case 'w':
050          newy--;
051          break;
052        case 'S':
053        case 's':
054          newy++;
055          break;
056        case 'A':
057        case 'a':
058          newx--;
059          break;
060        case 'D':
061        case 'd':
062          newx++;
063          break;
064      }
065      // 移動チェック
066      if(newx >=0 && newx < MAXWIDTH && newy >=0 && newy < MAXHEIGHT){
067        // 壁かどうかチェック
068        if(g_mapdata[newy][newx]!=1){
069          // ゴールと鍵の処理
070          switch(g_mapdata[newy][newx]){
071            case 3:// 鍵
072              g_keyflag = 1;           // 鍵フラグオン
073              g_mapdata[newy][newx] = 0;// 鍵を消す
074              break;
075            case 2: // ゴール
076              if(g_keyflag) goto GAMECLEAR;  ●
077              break;
```

❶ゴールチェック

```
078              }
079              RedrawMap(g_x, g_y, newx, newy);
080              g_x = newx;
081              g_y = newy;
082          }
083      }
084  }
085  // ゲーム終了
086  GAMECLEAR:
087      const char *ending[] = {
088          " 君はついにゴールにたどり着いた ",
089          " しかし本当に冒険は終わったのだろうか……? ",
090          "",
091          "            END?"
092      };
093      gcls();
094      gcolor(0,0,0);
095      gbox(0,0,640,480);
096      gcolor(255,255,255);
097      for(int i=0; i<4; i++){
098          glocate(12,16 + i);
099          gprintf(ending[i]);
100      }
101      // スクロール
102      for(int i=0; i<90; i++){
103          gprintf("     ");
104      }
105  }
106  // マップ再描画（一部のみ）
107  void RedrawMap(int oldx, int oldy, int newx, int newy){
108      gimage(g_images[g_mapdata[oldy][oldx]], oldx*62, oldy*62);
109      gimage(g_images[4], newx*62, newy*62);
110  }
111
112  // マップ表示
113  void DrawMap(){
114      for(int y=0; y<MAXHEIGHT; y++){
115          for(int x=0; x<MAXWIDTH; x++){
116              if(x == g_x && y == g_y){
117                  // 主人公表示
118                  gimage(g_images[4], g_x*62, g_y*62);
119              } else {
120                  gimage(g_images[g_mapdata[y][x]], x*62, y*62);
121              }
```

❷エンディング

```
122        }
123      }
124  }
```

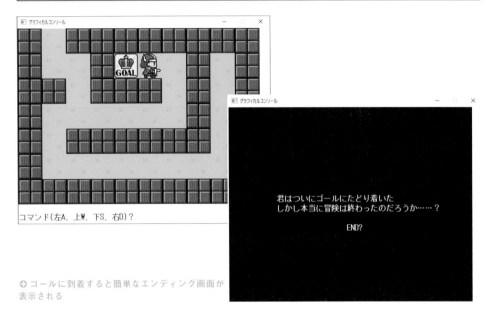

🔵 ゴールに到着すると簡単なエンディング画面が
表示される

　ゴールに着いても何もないまま終わりではさみしいので、簡単なエンディング画面を表示させてみました。gbox命令で画面を黒く塗りつぶしてから、4行の文字列を表示しています。

　102〜104行目は文字列を上にスクロールさせるための処理です。グラフィカルコンソールはコマンドプロンプトと同じように、文字列が**画面いっぱいになると上へスクロール**します。文字を画面下ぎりぎりあたりに表示して、その後にスペースや改行（¥n）をループで大量に表示させてやると、下から上へスクロールさせることができます。

　今回は解説の都合でループからの脱出にgoto文を使用しましたが、本来なら使用を避けたいところです。この例でgoto文を使わずに作るとすれば、メインループのwhile文のブロック（41〜84行まで）を丸ごと別関数にしておいてreturn文（P.148参照）で脱出させるといいでしょう。

188

5-4 マップのスクロール 表示に挑戦

ここでは画面切り替え型のスクロールについて説明します。マップをスクロールさせる場合、「マップデータ上の座標」と「画面表示上の座標」が別になります。そこを混同しないよう注意が必要です。

☆ スクロール表示の考え方

　10×7マスというマップサイズはちょっと小さすぎますね。実際にゲームを作るとしたら、もう少し大きいほうがいいでしょう。そこで、マップを好きな大きさにできるよう、**マップをスクロールさせる方法**について説明しましょう。

　サンプルデータに「chap5-2」というプロジェクトを収録しているので、それを開いてください。

　このプログラムでは、**画面切り替え型のスクロール**を採用しています。画面切り替え型は主人公が画面の端まで来ると、隣のマップにパッと切り替わる方式のことです。画面を描き変える回数が少なくて済むため、画面表示が遅い環境に向いています。

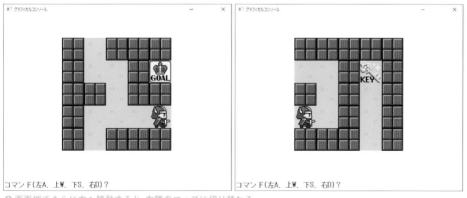

⬆ 画面端でさらに右へ移動すると、右隣のマップに切り替わる

　画面切り替え型スクロールでも、なめらかスクロールでも、スクロールさせる際に重要なのは**マップデータ上の座標と画面上の座標が別になる**という点です。これまではマップ

189

データの (5, 3) は画面上でも (5,3) でしたが、スクロールする場合は画面上の座標が (0,3) などに変わります。

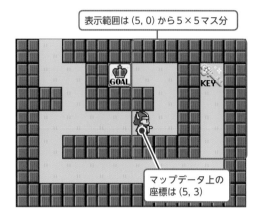

表示範囲は (5, 0) から5×5マス分

マップデータ上の座標は (5, 3)

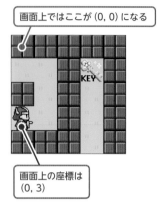

画面上ではここが (0, 0) になる

画面上の座標は (0, 3)

　この２つの座標を混同しないように注意しなければいけません。表示と関係ない内部的な処理 (重なりチェックなど) はすべてマップデータ上の座標 (以降、**マップ座標**) で行い、表示するときだけ画面上の座標 (以降、**画面座標**) に変換するよう切り分けます。
　マップ座標から画面座標を求めるには、簡単な引き算を行います。

＊画面座標の求め方

> 画面座標 x ＝ マップ座標の x － 表示範囲の左上の座標 x
> 画面座標 y ＝ マップ座標の y － 表示範囲の左上の座標 y

　逆に画面座標からマップ座標を求めたいときは、画面座標に表示範囲の左上の座標を足せばいいわけです。

☆ スクロール表示のプログラムを見てみよう

　赤字の部分が「chap5-1」から変更した部分です。マップデータ自体は変更していませんが、マップサイズを表す定数MAXWIDTHとMAXHEIGHTの値を変更し、g_mapdataの要素数を増やせば広くすることができます。

```
main.cpp
001  #include <GConsoleLib.h>
002  #include <stdio.h>
003
```

```
004  // マップデータ
005  #define MAXWIDTH 10
006  #define MAXHEIGHT 7
007  int g_mapdata[MAXHEIGHT][MAXWIDTH] = {
008    // 0  1  2  3  4  5  6  7  8  9
009    {  1, 0, 1, 1, 1, 1, 1, 1, 1, 1},//0
010    {  1, 0, 0, 1, 2, 0, 0, 1, 3, 1},//1
011    {  1, 1, 0, 1, 1, 1, 0, 1, 0, 1},//2
012    {  1, 0, 0, 0, 0, 0, 0, 1, 0, 1},//3
013    {  1, 0, 1, 1, 1, 1, 1, 1, 0, 1},//4
014    {  1, 0, 0, 0, 0, 0, 0, 0, 0, 1},//5
015    {  1, 1, 1, 1, 1, 1, 1, 1, 1, 1} //6
016  };
017
018  // マップの部品の画像
019  const char *g_images[] = {
020    "C:\\GConsole 追加ファイル\\sampleimg\\chap5-1-field.png",
021    "C:\\GConsole 追加ファイル\\sampleimg\\chap5-1-wall.png",
022    "C:\\GConsole 追加ファイル\\sampleimg\\chap5-1-goal.png",
023    "C:\\GConsole 追加ファイル\\sampleimg\\chap5-1-key.png",
024    "C:\\GConsole 追加ファイル\\sampleimg\\chap5-1-man.png"
025  };
026
027  // 主人公の位置
028  int g_x = 1, g_y = 0;
029  int g_keyflag = 0; // 鍵を拾ったフラグ
030
031  // 画面座標
032  int g_scx=0, g_scy=0;
033  #define SCROLLWIDTH 5
034  #define SCROLLHEIGHT 5
035  #define CORNERX 165
036  #define CORNERY 62
037
038  // 関数プロトタイプ宣言
039  void DrawMap();
040  void RedrawMap(int, int, int, int);
041  int ScrollCheck(int, int);
042
043  int main(){
044    gcls();
045    gfront();
046
047    DrawMap();  // マップ全体を表示
```

❶スクロールに必要な
変数、定数の定義

```
048
049    while(1){
050      glocate(0,19); gcolor(128,0,0);
051      gprintf("コマンド (左A、上W、下S、右D) ?    ");
052      glocate(32,19);
053      char ch = ggetchar();
054      int newx=g_x, newy=g_y;
055      switch(ch){
056        case 'W':
057        case 'w':
058          newy--;
059          break;
060        case 'S':
061        case 's':
062          newy++;
063          break;
064        case 'A':
065        case 'a':
066          newx--;
067          break;
068        case 'D':
069        case 'd':
070          newx++;
071          break;
072      }
073      // 移動チェック
074      if(newx >=0 && newx < MAXWIDTH && newy >=0 && newy < MAXHEIGHT){
075        // 壁かどうかチェック
076        if(g_mapdata[newy][newx]!=1){
077          // ゴールと鍵の処理
078          switch(g_mapdata[newy][newx]){
079            case 3:// 鍵
080              g_keyflag = 1;          // 鍵フラグオン
081              g_mapdata[newy][newx] = 0;// 鍵を消す
082              break;
083            case 2: // ゴール
084              if(g_keyflag) goto GAMECLEAR;
085              break;
086          }
087          int oldx = g_x;
088          int oldy = g_y;
089          g_x = newx;
090          g_y = newy;
091          //ScrollCheck 関数はスクロールの必要があれば 1、
```

❷スクロールチェックと
画面書き換え

```
092            // 不要なら0を返す
093            if(ScrollCheck(newx, newy)){
094                DrawMap();  // 全画面書き換え
095            } else {
096                RedrawMap(oldx, oldy, newx, newy);  // 一部書き換え
097            }
098        }
099    }
100    }
101    // ゲーム終了
102 GAMECLEAR:
103    const char *ending[] = {
104        " 君はついにゴールにたどり着いた ",
105        " しかし本当に冒険は終わったのだろうか……？ ",
106        "",
107        "                END?"
108    };
109    gcls();
110    gcolor(0,0,0);
111    gbox(0,0,640,480);
112    gcolor(255,255,255);
113    for(int i=0; i<4; i++){
114        glocate(12,16 + i);
115        gprintf(ending[i]);
116    }
117    // スクロール
118    for(int i=0; i<90; i++){
119        gprintf("    ");
120    }
121 }
122 // マップ再描画（一部のみ）
123 void RedrawMap(int oldx, int oldy, int newx, int newy){
124    int mapd = g_mapdata[oldy][oldx];
125    gimage(g_images[mapd],
126        (oldx-g_scx)*62 + CORNERX, (oldy-g_scy)*62 + CORNERY);
127    gimage(g_images[4],
128        (newx-g_scx)*62 + CORNERX, (newy-g_scy)*62 + CORNERY);
129 }
130
131 // マップ表示
132 void DrawMap(){
133    for(int y=0; y<SCROLLHEIGHT; y++){
134        for(int x=0; x<SCROLLWIDTH; x++){
135            if(x+g_scx == g_x && y+g_scy == g_y){
```

❸画面表示

5-4

マップのスクロール表示に挑戦

ロールプレイング風ゲームを作ってみよう ～ループと配列変数の応用～

```
136        // 主人公表示
137        gimage(g_images[4],
138          (g_x-g_scx)*62 + CORNERX, (g_y-g_scy)*62 + CORNERY);
139      } else {
140        int mapd = g_mapdata[y+g_scy][x+g_scx];
141        gimage(g_images[mapd],
142          x*62 + CORNERX, y*62 + CORNERY);
143      }
144    }
145  }
146 }
147
148 // スクロールが必要かチェックする関数
149 // 引数には移動先の座標を指定
150 int ScrollCheck(int newx, int newy){
151    // 現在の表示範囲から飛び出しているかをチェック
152    // 注：座標が g_mapdata の範囲内にあることはチェック済み
153    if( newx < g_scx || newy < g_scy ||
154      newx > g_scx + SCROLLWIDTH - 1 ||
155      newy > g_scy + SCROLLHEIGHT -1)
156    {
157      g_scx = newx / SCROLLWIDTH * SCROLLWIDTH;
158      if(g_scx + SCROLLWIDTH > MAXWIDTH) {
159        g_scx = MAXWIDTH - SCROLLWIDTH;
160      }
161      g_scy = newy / SCROLLHEIGHT * SCROLLHEIGHT;
162      if(g_scy + SCROLLHEIGHT > MAXHEIGHT) {
163        g_scy = MAXHEIGHT - SCROLLHEIGHT;
164      }
165      return 1; // 真
166    }
167    return 0; // 偽
168 }
```

❹スクロールが必要か判定

❺新しいスクロール位置を求める

❶スクロールに必要な変数、定数の定義

　グローバル変数g_scx、g_scyには画面に表示する範囲の左上の座標を記憶します。定数SCROLLWIDTH、SCROLLHEIGHTは表示範囲の幅と高さです。定数CORNERX、CORNERYはマップを表示する位置のピクセル座標を表しています。

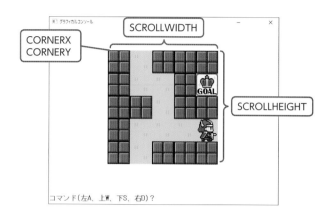

❷スクロールチェックと画面描きかえ

ScrollCheck 関数の返値を調べ、スクロールしたときは DrawMap 関数で画面全体を描きかえ、スクロールしていないときは RedrawMap 関数で一部分だけを描きます。

DrawMap 関数を呼び出すときは、先に g_x、g_y に移動先の座標を代入しておかなければいけませんが、RedrawMap 関数では移動前の座標も必要です。そこで g_x、g_y の移動前の座標を oldx、oldy という変数に待避してから、newx、newy の移動後の座標を代入しています。

❸画面表示

DrawMap 関数や RedrawMap 関数は、マップデータの一部だけを表示するように変更しています。DrawMap 関数内の多重ループの x、y が表しているのは画面座標です。ですから、g_mapdata からデータを取り出すときは、x、y に **g_scx、g_scy** を足して**マップ座標に変換**しなければいけません。また、主人公の位置 g_x、g_y はマップ座標なので、**g_scx、g_scy を引いて画面座標を求めます**。

マップ座標

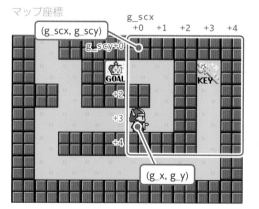

画面座標

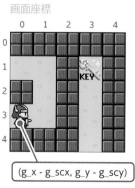

195

❹スクロールが必要か判定

ScrollCheck関数は、移動先のマップ座標を受け取ってスクロールが必要か不要かを判定する関数です。スクロールが必要な場合は1、不要な場合は0を返します。スクロールが必要かどうかを判定するには、newx、newyが現在表示している範囲からはみ出しているかどうかを調べます。現在表示している範囲というのは、(g_scx, g_scy)〜(g_scx+SCROLLWIDTH-1, g_scy+SCROLLHEIGHT-1) です。

❺新しいスクロール位置を求める

スクロールが必要な場合は、g_scx、g_scyの値を変更します。画面切り替え型スクロールでは1画面ごとに移動するので、g_scx、g_scyはSCROLLWIDTHとSCROLLHEIGHTの倍数になります。どちらも5で定義しているので、5の倍数の「0、5、10、15、25……」になります。

主人公の移動先のnewx、newyをSCROLLWIDTHとSCROLLHEIGHTで割ってから掛けると、int型の計算なので割り切れない余りが切り捨てられて倍数が求められます。

主人公の座標が（7、3）の場合、
7 ÷ 5 は 1 余り 2 なので、1 に 5 を掛けて 5。3 ÷ 5 は 0 余り 3 なので、0 に 5 を掛けて 0。
よって、新たな g_scx、g_scy は（5,0）となる。

ただし、マップサイズの縦 (MAXHEIGHT) が5の倍数ではないため、単純に倍数を使うとマップデータからはみ出してしまいます。そのままだとDrawMap関数で表示したときに**バッファオーバーランが発生**してしまうので、if文で新しいg_scx、g_scyがMAXWIDTH、MAXHEIGHTを超えていないかを調べ、超えていたらそれらからSCROLLWIDTHとSCROLLHEIGHTを引いたものをg_scx、g_scyに代入します。

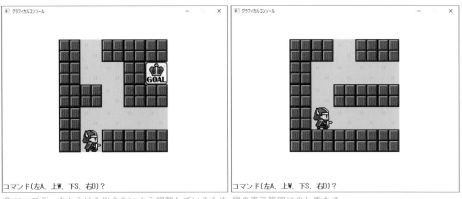

⬆ マップデータからはみ出さないよう調整しているため、縦の表示範囲は少し重なる

これまでのサンプルに比べると、スクロール処理はややこしく感じると思います。それは、2種類の座標を変換するために、細かい足し算や引き算をたくさん行うせいです。よく間違える場合は、座標変換用の関数を作るのもひとつの手です。

```c
// 座標変換関数
int mapx(int x){return x+g_scx;}        // 画面座標からマップ座標に変換
int mapy(int y){return y+g_scy;}
int viewx(int x){return x-g_scx;}       // マップ座標から画面座標に変換
int viewy(int y){return y-g_scy;}
int pixelx(int x){return x*62+CORNERX;} // 画面座標からピクセル座標に変換
int pixely(int y){return y*62+CORNERY;}

void DrawMap(){
   for(int y=0; y<SCROLLHEIGHT; y++){
     for(int x=0; x<SCROLLWIDTH; x++){
       if(mapx(x) == g_x && mapy(y) == g_y){
         // 主人公表示
         gimage(g_images[4], pixelx(viewx(g_x)), pixely(viewy(g_y)) );
       } else {
         int mapd = g_mapdata[mapy(y)][mapx(x)];
         gimage(g_images[mapd], pixelx(x), pixely(y) );
       }
     }
   }
}
```

デバッグ機能を使ってみよう

ソースコードが長くややこしくなってくると、コンパイラが見つけられないエラーも起きやすくなります。エラーの原因をすばやく見つけるために、VSC2019の**デバッグ機能**を使ってみましょう。デバッグとは、エラーを虫(bug)にたとえ、それを退治することです。

これまでプログラムを起動するときに、〈デバッグ〉→〈デバッグなしで開始〉を使って来ましたが、〈デバッグの開始〉を選択して起動します。〈デバッグなしで開始〉で起動した場合は実行時エラーが発生するとプログラムが終了して終わりですが、〈デバッグ開始〉の場合は**実行時エラーが発生した行が表示されます**。

〈×〉をクリック

現在実行中の行に矢印のマークが表示される

デバッグ画面

〈ローカル〉タブにローカル変数の
現在の内容が表示される

〈呼び出し履歴〉タブにどの関数がどこから
呼び出されているかが表示される

ソースコードの変数名にマウスポインタを
合わせると、変数の内容が表示される

　デバッグ機能はエラー原因を教えてくれるわけではありませんが、解決のヒントを与えてくれます。エラーで停止したときの行の付近に注目し、変数の内容を見てみてください。必ずそのあたりにエラーの原因になったミスが隠れているはずです。

恋愛ゲームを
作ろう
〜文字列の処理〜

この章ではシンプルな恋愛ゲームの作成
を通して、文字列の処理を学びます。文
字列の長さを調べたり、文字列同士を連
結したり、検索したり、いろいろやって
みましょう。ファイルから文字列を読み
込む方法も説明します。

6-1

女の子に名前を呼んでもらおう

プレーヤーの名前を入力させて、char 型の配列変数に記憶します。名前の文字数を数えて入力されたどうかをチェックし、入力されていない場合はデフォルトの名前を使うようにします。

☆ 生の文字列とつきあおう

ちまたでは**恋愛シミュレーションゲーム**が流行っているそうです。恋愛ゲームではコンピュータの中の女の子との会話を楽しみます。市販の恋愛ゲームでは選択肢を選んでゲームを進めていくものがほとんどですが、恋愛ゲームのもとになった**アドベンチャーゲーム**では、キーボードから文章を入力して進めていくものもありました。今回はその**文章入力タイプの恋愛ゲーム**を作成します。

⬆ 会話の内容によって女の子の表情が変わったり、シナリオデータによって他の場所に移動したりする

入力された文章に応じて結果を返すには、文章＝**文字列の扱い方**を知らなければいけません。実はC言語は**文字列を扱うのが苦手**だといわれています。他のプログラム言語では、「文字列型の変数」に気軽に文字列を代入して、「+」や「&」「.」などの演算子で簡単に文字列を連結したりすることができますが、C言語ではそうはいきません。他では隠されてい

恋愛ゲームを作ろう　〜文字列の処理〜

る**生の文字列**とつきあわなければいけないのです。

　生の文字列とは何でしょうか？　そういえば、グラフィカルコンソールで文字を入力する際にggets関数を使いましたが、この関数は**char型**（キャラ）**の配列変数**に文字列を記憶していましたね。つまり、生の文字列というのは、**char型の数値**の並びなのです。

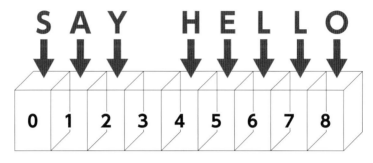

C言語で文字列を扱う際は、配列変数などを使って数値として文字列を扱わなければいけません。この章では文字列に関する話をみっちりと説明していきます。

　新たにプロジェクト「chap6-1」を作成してソースコード「main.cpp」を追加してください（P.72参照）。

⬦ プロジェクト「chap6-1」を作成して「main.cpp」を追加

　まずは初期画面として、背景と女の子の絵を表示しておきます。背景のファイルパスはグローバル変数**g_backimage**（バックイメージ）に、女の子の姿は配列変数**g_faceimage**（フェイスイメージ）に記憶し、画像を表示する処理は**DrawScreen**（ドロースクリーン）という独立した関数にします。

main.cpp

```cpp
001  #include <GConsoleLib.h>
002  #include <stdio.h>
003
004  // 画像データ
005  const char *g_backimage =
006      "C:\\GConsole 追加ファイル\\ sampleimg\\chap6-1-back.png";
007  const char *g_faceimage[] = {
008      "C:\\GConsole 追加ファイル\\sampleimg\\chap6-1-bad.png",
009      "C:\\GConsole 追加ファイル\\sampleimg\\chap6-1-natural.png",
010      "C:\\GConsole 追加ファイル\\sampleimg\\chap6-1-good.png"
011  };
012
013  // 関数プロトタイプ宣言
014  void DrawScreen();
015
016  int main(){
017      gcls();
018      gfront();
019
020      DrawScreen();
021  }
022
023  // 画面表示
024  void DrawScreen(){
025      gimage(g_backimage, 0,24);
026      gimage(g_faceimage[1], 160,64);
027  }
```

ゲームの初期画面

☆ プレーヤーの名前を入力する

まずはプレーヤーの名前を入力して、女の子にその名前で呼んでもらえるようにしましょう。

入力した文字列は、先に説明したとおりchar型配列に記憶します。ggets命令を使えばいいですね。名前を間違えて入力する場合もあるので、正しいかどうかを確認する処理も付けましょう。

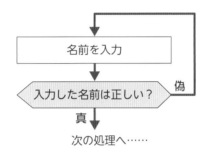

```
            ┌──────────────┐
            ↓              │
    ┌─────────────────┐    │
    │   名前を入力      │    │
    └─────────────────┘    │
            ↓              │
    ◇─────────────────◇ 偽 │
    │ 入力した名前は正しい？ │──┘
    ◇─────────────────◇
         真 ↓
      次の処理へ……
```

これは名前が間違っていたらずっと繰り返しを続けるループになります。ですから、for文よりwhile文が向いています。入力という処理の後に繰り返しの条件チェックが来ているのでdo〜while文 (P.129参照) が最適でしょう。

```cpp
main.cpp

001  #include <GConsoleLib.h>
002  #include <stdio.h>
003
004  // 画像データ
005  const char *g_backimage =
006    "C:¥¥GConsole追加ファイル¥¥sampleimg¥¥chap6-1-back.png";
007  const char *g_faceimage[] = {
008    "C:¥¥GConsole追加ファイル¥¥sampleimg¥¥chap6-1-bad.png",
009    "C:¥¥GConsole追加ファイル¥¥sampleimg¥¥chap6-1-natural.png",
010    "C:¥¥GConsole追加ファイル¥¥sampleimg¥¥chap6-1-good.png"
011  };
012
013  // グローバル変数
014  char g_name[80]; // プレーヤーの名前
015
016  // 関数プロトタイプ宣言
017  void DrawScreen();
018
```

```
019  int main(){
020      gcls();
021      gfront();
022
023      DrawScreen();
024      // 名前入力
025      char ans;
026      glocate(0,14);
027      do{
028          gprintf("\n あなたの名前を入力してください ");
029          ggets(g_name, 80);
030          gprintf("\n 名前は %s で合っていますか？（y/n)", g_name);
031          ans = ggetchar();
032      } while(ans != 'y');
033  }
034
035  // 画面表示
036  void DrawScreen(){
037      gimage(g_backimage, 0,24);
038      gimage(g_faceimage[1], 160,64);
039  }
```

⭢ 名前を入力すると、「合っていますか」と表示
される。半角の「y」か「n」を入力

○ 半角の「y」以外を入力すると再入力が求められる

　ggets関数で入力した名前をグローバル配列変数g_name（ジー・ネーム）に記録し、その後名前が正しいかどうかを確認するメッセージをgprintf関数で表示して、ggetchar関数で答えの1文字を入力します。入力した文字が「y」以外の場合は、do while文の繰り返し条件を満たすため、名前の入力に戻ります。「y」が押された場合のみ次に進みます。なお、**全角の「y」ではダメなので注意してください**。

☆ 文字列リテラルと配列変数の関係

　ここでは、さらっと今までに説明していないものを使用しています。31行目のgprintf関数のところです。gprintf関数やprintf関数で文字列を表示したいときは「%s」を使うという話は説明していましたが（P.39参照）、引数には**文字列リテラル**を指定していました。しかし、今回指定しているのは**char型配列変数の名前**です。

```
031        gprintf("\n 名前は %s で合っていますか？ (y/n) ", g_name);
```

疑問点は次の2つ。

- **文字列リテラルの代わりに配列変数を指定できるのはなぜか？**
- **配列変数なのに添え字を指定しないのはなぜか？**

　まず後のほうから説明をしましょう。配列変数の添え字を取って名前だけにすると、それは「配列変数の最初の要素が記憶されている**メモリ上の場所**」を表します。なぜ、それが文字列リテラルの代わりになるかというと、文字列リテラルも「**文字列が記憶されているメモリ上の場所**」を表しているからです。

　ソースコードに書き込んだ文字列リテラルは、コンパイル後にできた実行ファイル（exe）の中に含められます。その実行ファイルを実行すると、プログラムと一緒にメモリに読み込まれます。ですから、メモリ上のどこかに文字列、つまりchar型の数値の集まりが存在します。文字列リテラルはその場所を表します。

　「%s」という書式文字は、**メモリ上の場所を受け取ってそれを文字列として表示するの**で、char型配列変数の名前でも文字列リテラルでも同じように動作するのです。

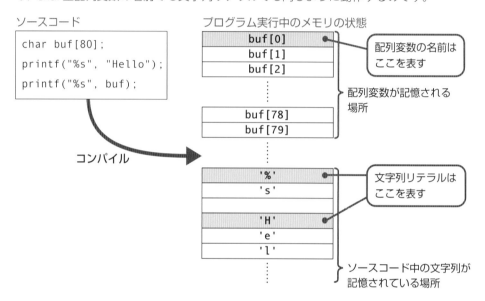

ソースコード

```
char buf[80];
printf("%s", "Hello");
printf("%s", buf);
```

コンパイル

プログラム実行中のメモリの状態

| buf[0] |
| buf[1] |
| buf[2] |
| ⋮ |
| buf[78] |
| buf[79] |

配列変数の名前はここを表す

配列変数が記憶される場所

| '%' |
| 's' |
| 'H' |
| 'e' |
| 'l' |

文字列リテラルはここを表す

ソースコード中の文字列が記憶されている場所

　「メモリ上の場所」とは何でしょう？　それは**メモリアドレス（Memory Address）**と呼ばれる32ビットの整数です(※)。メモリの1バイトごとにメモリアドレスが振られているので、文字列リテラルや添え字なし配列変数の正体は、「メモリの4000バイト目」や「メモリの10200001バイト目」などの数字ということになります。

　メモリアドレスについては第7章で再び説明しますが、

・**文字列リテラルも添え字なしの配列変数名も、どちらもメモリアドレスだ**

ということを覚えておいてください。

※　Windowsには32ビット版と64ビット版があり、64ビット版ではメモリアドレスは64ビットの整数です。32ビット版Windowsでは、理屈の上だと符号なし32ビット整数の上限である4,294,967,295バイト（4ギガバイト）まで扱えるはずですが、実際にはそれより少し小さい3.12ギガバイトまでしか使用できません。3.12GB以上を使えるようにすると一部の周辺機器が動作しなくなるためだとされています。64ビット版Windowsでは4ギガバイト以上のメモリを扱えます。

ところで、画像のファイルパスは「const char *変数」や「const char *変数[]」に記憶させていますね。変数名に「*(アスタリスク)」を付けて定義すると、**ポインタ (Pointer)** というメモリアドレスを記憶できる変数に変わります。つまり、ファイルパスの文字列リテラルをポインタに記憶させているのです。ポインタについても第7章で詳しく説明します。

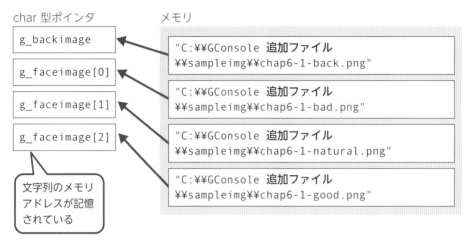

char 型ポインタ

g_backimage

g_faceimage[0]

g_faceimage[1]

g_faceimage[2]

文字列のメモリ
アドレスが記憶
されている

メモリ

"C:\\GConsole 追加ファイル
\\sampleimg\\chap6-1-back.png"

"C:\\GConsole 追加ファイル
\\sampleimg\\chap6-1-bad.png"

"C:\\GConsole 追加ファイル
\\sampleimg\\chap6-1-natural.png"

"C:\\GConsole 追加ファイル
\\sampleimg\\chap6-1-good.png"

☆ 文字列の長さを調べよう

ゲームでいちいち名前を付けるのは面倒だという人もいますね。そこで、名前を入力せずに Enter キーを押したときは、「John」という名前になるようにしましょう (なんで英語？と思われるかもしれませんが、理由は後で説明します)。

名前が入力されていないことは、**文字列の長さが0である**かどうかで判定します。文字列の長さはどうやって調べればいいのでしょうか？　配列変数g_nameの要素数でしょうか？　いいえ、そうではありません。g_nameの要素数は**この配列変数に記憶できる文字数**を表しているだけで、ggets関数で入力した長さはわかりません。

C言語の文字列には末尾を**必ずchar型の「0」にする**という決まりがあります。この文字コード0番の文字のことを**ヌル文字 (Null Character)** といいます。つまり文字数を調べるには、文字列を記録した配列変数の先頭から見ていって、**ヌル文字が出現するまでの要素の数**を調べればいいのです。ちなみにヌル文字のNullは「空」「無」という意味です。

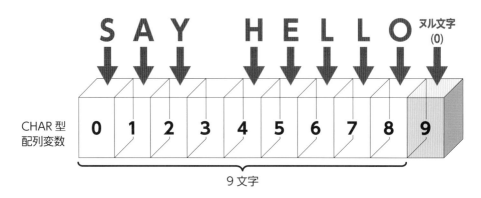

9文字

文字列の長さを調べる処理と、長さが0のときに「John」を設定する処理を加えたものが次のソースコードです。

```
main.cpp
001  #include <GConsoleLib.h>
002  #include <stdio.h>
003
004  // 画像データ
005  const char *g_backimage =
006      "C:\\GConsole追加ファイル\\sampleimg\\chap6-1-back.png";
007  const char *g_faceimage[] = {
008      "C:\\GConsole追加ファイル\\sampleimg\\chap6-1-bad.png",
009      "C:\\GConsole追加ファイル\\sampleimg\\chap6-1-natural.png",
010      "C:\\GConsole追加ファイル\\sampleimg\\chap6-1-good.png"
011  };
012
013  // グローバル変数
014  char g_name[80]; // プレーヤーの名前
015
016  // 関数プロトタイプ宣言
017  void DrawScreen();
018
019  int main(){
020      gcls();
021      gfront();
022      printf("%u\n", g_backimage);
023      printf("%u\n", g_name);
024
025      DrawScreen();
026      // 名前入力
027      glocate(0,14);
```

恋愛ゲームを作ろう ～文字列の処理～

```
028    char ans;
029    do{
030       gprintf("¥n あなたの名前を入力してください ");
031       ggets(g_name, 80);
032       // 名前の長さチェック
033       int len;
034       for( len = 0; g_name[len]!='¥0' && len < 80; len++ );
035       if(len==0){
036          g_name[0]='J'; g_name[1]='o'; g_name[2]='h';
037          g_name[3]='n'; g_name[4]='¥0';
038       }
039       gprintf("¥n 名前は %s で合っていますか？ (y/n) ", g_name);
040       ans = ggetchar();
041    } while(ans != 'y');
042  }
043
044  // 画面表示
045  void DrawScreen(){
046     gimage(g_backimage, 0,24);
047     gimage(g_faceimage[1], 160,64);
048  }
```

❶文字列の長さを調べる

❷文字列の代入

あなたの名前を入力してください
名前はJohnであっていますか？ (y/n) ▮

⊖ 名前を入力せずに Enter を押すと「John」になる

❶文字列の長さを調べる

　まず、長さを記憶する変数 len を定義します。この変数は for 文の回数を数えるために使いますが、ブロックの外でも使用するので先に定義しておきます。

　次に for 文でヌル文字が出現するまで 1 要素ずつチェックしていきます。ヌル文字はエスケープシーケンス (P.44 参照) の「¥0」で表すので、繰り返し条件を「g_name[len] != '¥0'」としておけば、自動的に文字列の最後までチェックしてくれます。ただし、何

かのトラブルでg_nameにヌル文字が記憶されていなかった場合に備えて、lenがg_nameの添え字の最大値を超えないよう「len ＜ 80」も条件に加えておきます。

　for文のブロック内で行う処理は特にないので、こういう場合はブロックの「{ }」を省略して「;（セミコロン）」で文を終わらせることができます。これはif文でブロックを使わずに「if(……)処理;」と書くのと考え方は一緒です（P.90参照）。

❷文字列の代入

　入力されていない場合はg_name[0]にヌル文字が代入されているため、lenは初期値の0のままになります。それをif文でチェックして、g_nameに「John」を代入します。

　ただし、char型の配列変数に直接文字列を代入することはできません。それぞれの要素に**文字コードを1つずつ代入**していくことになります。文字列の最後には忘れずに**ヌル文字を代入**しておきましょう。

　ちなみに、char型配列変数を定義するときは、「="文字列"」で初期化できます。

```
char g_name[] = "John";          // 定義するときは文字列を直接記憶できる
```

　他の型の配列変数でも「={,,, }」で初期化できましたが（P.133参照）、それの文字列版です。**初期化のときはデータをまとめて記憶できても、その後は要素ごとにしか代入できない**、というのはすべての型の配列変数の共通ルールです。

☆ 文字列操作関数を使ってみよう

　長さを調べるほうはいいとして、文字列の代入はかなり面倒ですね。また、次のセクションで説明しますが、全角文字は2バイトで1文字になるので代入できません。

　C言語の標準ライブラリには、**文字列を操作するための関数**が用意されているので、それを使えばより楽になります。全角文字も代入できるようになります。

　文字列の長さを調べるには**strlen関数**を使います。strlenはString Length、つまり「文字列の長さ」を短く略したものです。strlen関数が返す長さには**ヌル文字の分が含まれない**ことに注意してください。

＊strlen関数の使い方

```
int 型変数 = strlen ( 文字列のメモリアドレス );
```

　文字列を代入するには**strcpy関数**を使います。strcpyはString Copyの略です。この

関数には**strcpy_s**というセキュア関数 (P.62参照) があります。

* strcpy_s関数の使い方

strcpy_s (コピー先の文字列のメモリアドレス , コピー先のサイズ ,
　　　　　コピー元の文字列のメモリアドレス)

　文字列のメモリアドレスには、文字列リテラル、添え字なしのchar型配列変数名、char型ポインタのどれでも指定できます。ただし、文字列リテラルが記憶されているメモリ領域は書き換え禁止なので、strcpy_s関数のコピー先に指定すると実行時エラーが起きてプログラムが強制終了されます。

　文字列関数を使うと、長さのチェックと代入の処理はたった2行にまとめられます。これらの関数を使うにはヘッダファイル**string.h**をインクルードしておきます。

ストリング・エッチ

```
main.cpp
001  #include <GConsoleLib.h>
002  #include <stdio.h>
003  #include <string.h>
004
005  // 画像データ
006  const char *g_backimage =
007      "C:¥¥GConsole追加ファイル¥¥sampleimg¥¥chap6-1-back.png";
008  const char *g_faceimage[] = {
009      "C:¥¥GConsole追加ファイル¥¥sampleimg¥¥chap6-1-bad.png",
010      "C:¥¥GConsole追加ファイル¥¥sampleimg¥¥chap6-1-natural.png",
011      "C:¥¥GConsole追加ファイル¥¥sampleimg¥¥chap6-1-good.png"
012  };
013
014  // グローバル変数
015  char g_name[80]; // プレーヤーの名前
016
017  // 関数プロトタイプ宣言
018  void DrawScreen();
019
020  int main(){
021      gcls();
022      gfront();
023      printf("%u¥n", g_backimage);
024      printf("%u¥n", g_name);
025
026      DrawScreen();
027      // 名前入力
```

```
028    glocate(0,14);
029    char ans;
030    do{
031        gprintf("¥n あなたの名前を入力してください ");
032        ggets(g_name, 80);
033        // 名前の長さチェック
034        int len = strlen(g_name);
035        if(len==0) strcpy_s(g_name, 80, " さとし ");
036        gprintf("¥n 名前は %s で合っていますか？ (y/n) ", g_name);
037        ans = ggetchar();
038    } while(ans != 'y');
039 }
040
041 // 画面表示
042 void DrawScreen(){
043    gimage(g_backimage, 0,24);
044    gimage(g_faceimage[1], 160,64);
045 }
```

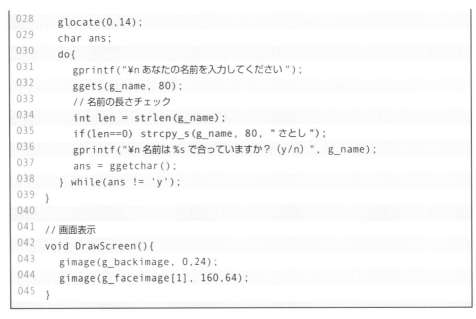

◑ 名前を入力せずに Enter を押すと、「さとし」になった

☆ その他の主な文字列操作関数

　標準ライブラリの文字列操作関数の中で、よく使われるものをいくつか紹介しましょう。文字列操作関数の名前はどれも短く略されているので、「エスティーアールシーエムピー」でも「ストリングコンペア」でも好きなように読んでください。

❶文字列を連結する——strcat(strcat_s)

　strcat関数（セキュア関数はstrcat_s）は、コピー先の文字列のヌル文字のところに、

コピー元の文字列をコピーします。strcatはString Concatenation、「文字列の連結」の略です。

* strcat_s関数の書き方

> strcat_s (コピー先の文字列のメモリアドレス ， コピー先のサイズ ，
> 　　　コピー元の文字列のメモリアドレス)

　複雑な連結をするときはstrcat関数の代わりに**sprintf関数** (セキュア関数はsprintf_s) を使ったほうが便利な場合もあります。sprintfでは画面の代わりにchar型配列変数に結果を書き込みます。

* sprintf_s関数の書き方

> sprintf_s (書き込み先の文字列のメモリアドレス ， 書き込み先のサイズ ，
> 　　　書式文字列 ， 可変個変数)

❷文字列を比較する──strcmp

　strcmpは2つの文字列を比較し、等しければ0、等しくなければ異なる文字の差を返します。stcmpはString Compare、「文字列の比較」の略です。

* strcmp関数の書き方

> 結果を記憶する int 型変数＝ strcmp (文字列 1 のメモリアドレス ，
> 　　　文字列 2 のメモリアドレス)

❸文字列を検索する──strstr

　strstr関数は文字列1から文字列2を検索し、最初に見つかったところのメモリアドレスを返します。見つからない場合はNULL (ヌル、P.224参照) を返します。

* strstr関数の書き方

> 結果を記憶する char 型ポインタ＝ strstr (文字列 1 のメモリアドレス ，
> 　　　文字列 2 のメモリアドレス)

❹文字数制限付きの関数──strncat(strncat_s)、strncpy(strncpy_s)、strnlen

　これらの関数は、元になったstrcat、strcpy、strlenなどの関数に**文字数を指定する引数**が追加されたものです。strncat関数ならコピー元の文字列の指定文字数分だけを連結し、strcpy関数なら指定文字数分だけをコピーします。また、strnlenでは指定文字数まで調べてもヌル文字が見つからない場合は指定文字数を返します。

＊n付き関数の書き方

```
strncat_s ( コピー先の文字列のメモリアドレス ， コピー先のサイズ ，
        コピー元の文字列のメモリアドレス ， コピーする文字数 )
strncpy_s ( コピー先の文字列のメモリアドレス ， コピー先のサイズ ，
        コピー元の文字列のメモリアドレス ， コピーする文字数 )
結果を記憶する int 型変数 = strnlen ( 文字列のメモリアドレス ， 最大文字数 )
```

❺メモリ操作を行う関数——memcpy（memcpy_s）、memset

　　string.hには「mem」で始まる**メモリ操作用の関数**が含まれています。文字列操作関数と違って**あらゆる型のメモリアドレス**を指定できます。たとえば、strcpy関数はchar型配列のコピーしかできませんが、memcpy関数ならint型やfloat型の配列変数などをコピーできます。また、memset関数は指定されたメモリアドレスを、0などの特定の値で埋め尽くすために使います。

＊memcpy_s関数の書き方

```
memcpy_s ( コピー先のメモリアドレス ， コピー先のサイズ ，
        コピー元のメモリアドレス ， コピーするバイト数 )
```

＊memset関数の書き方

```
memset ( 書き込み先のメモリアドレス ， 書き込む数値（末尾 1 バイト分のみ有効），
        書き込むバイト数 )
```

コラム Microsoft Docs で関数について調べる

　標準ライブラリの関数やセキュア関数は、本書で紹介したもの以外に、まだまだたくさんあります。いろいろ知りたい人はMicrosoft Docsで調べてみましょう。

⊕https://docs.microsoft.com/ja-jp/cpp/c-runtime-library/reference/crt-alphabetical-function-reference?view=vs-2019

6-2

女の子と会話できるようにしよう

日本語の会話プログラムを作るために、日本語の扱いが楽な
ワイド文字とワイド文字用関数を使用します。キーワードの
検索や乱数を使って、コンピュータの中の女の子が人間っぽ
い反応を返すようにします。

☆ コンピュータと会話するには？

　コンピュータと自然に会話できたらきっと面白いゲームができるでしょう。しかし、コンピュータに人間の言葉を理解させるのは、最新の技術をもってしても、とても難しいことです。そこで、コンピュータが理解していなくとも、それらしい反応を返せる方向を目指してみましょう。

　たとえば、プレーヤーが入力した文章から「虫」という文字列が見つかったら好感度が下がる、「ケーキ」という文字列が見つかったら好感度が上がるぐらいのものなら、何とか作れるはずです。このような、実際には理解していないのにそれらしい反応を返すプログラムを人工無脳（Chatterbot）といいます。日本語の呼び名は「人工知能」にかけたシャレですね。

　コンピュータとの会話に挑戦

　今回のプログラムでは日本語の文字列を扱います。でも、日本語の文字列を扱うにはいろいろと注意と工夫が必要なのです。

　⬆ キーワード検索をうまく使って人間らしい反応（？）を返す

☆ 日本語の文字列は扱いにくい

　char型は1バイトなので0 ～ 255の数値しか記憶できません。これでは日本語の全角文字を表すには数が足りないため、日本語の文字を記憶する際はchar型配列変数の要素を2つ使い、**2バイトで1文字を記憶**します。1つのchar型配列変数に半角英数字と全角の日本語が混ざった文字列を記憶させた場合、1バイトの文字と2バイトの文字が混ざることになります。

　このような方法で記憶された文字を**マルチバイト文字**（Multi-byte Character）と呼びます。マルチバイトの文字コードには、**シフトJIS**、**EUC**、**UTF-8**（8ビットユニコード）などがありVSC2019で使われているのはシフトJISかUTF-16です。

　シフトJISでは、2バイトの内の1バイト目は、半角文字の**ASCIIコード**で使われている数値を避けて0x81 ～ 0x9Fと0xE0 ～ 0xEF（16進数表記）の範囲を使用し、2バイト目は0x40 ～ 0x7E、0x80 ～ 0xFCを使用します。2バイト目で使われる数値は**ASCIIコードと重なっている**ため、先に1バイト目をチェックしないとシフトJISコードなのかASCIIコードなのか区別できません。

半角文字（ASCIIコード）　　　　　全角文字（シフトJISコード）

K	A	N	J	I	を		学		習		¥0
0x4B	0x41	0x4E	0x4A	0x49	0x82	0xF0	0x8A	0x77	0x8F	0x4B	0x0

ASCIIコードとシフトJISコードの
2バイト目の区別がつかない

このようなデータを検索する場合、今見ているコードの種類や1バイト目なのか2バイト目なのかを区別しながら比較しなければいけないので、プログラムを作るのがとても大変です。

そこで、**ワイド文字 (Wide Character)** を使うことにします。

ワイド文字は**ユニコード**と呼ばれる文字コードを使い、半角文字も全角文字もすべて**1文字16ビット**で表します。これならコードの区別や何バイト目かを気にせずにプログラムできます。ちなみにユニコードには、1～4バイトを使用するマルチバイト方式の「UTF-8」や1文字32ビットで記憶する「UTF-32」など記録方法が何種類かあります。ワイド文字で使われているのは「UTF-16」または「UCS-2」と呼ばれます。

ワイド文字

K	A	N	J	I	を	学	習	¥0
0x004B	0x0041	0x004E	0x004A	0x0049	0x3092	0x5B66	0x7FD2	0x0000

すべて16ビット

☆ プログラムをワイド文字用に変更する

プログラムを、ワイド文字を使用する形に変更しましょう。

ワイド文字を使用するには、標準ライブラリのヘッダファイル「wchar.h」をインクルードします。また、文字を記憶する型は**wchar_t型**になり、それに伴ってprintf関数やscanf関数の代わりにwprintf関数やwscanf関数を使うことになります。strlenなどの文字列操作関数もwcslenなど**wが付いた関数**を使わなければいけません（wcsは

wide-character stringの略)。文字列リテラルや文字コードには「L" "」「L' '」のように前に**大文字の「L」**を付けます。

	マルチバイト文字	ワイド文字
型	char	wchar_t
関数	printf、scanf、gets、getchar、strcpy、strlen	wprintf、wscanf、getws、getwchar、wcscpy、wcslen
文字列リテラル	" "	L" "
文字コード	' '	L' '

　グラフィカルコンソールで使う関数にも、ワイド文字に対応した**gwprintf**や**ggetws**、**ggetwchar**が用意されています。ただし、gimage関数はchar型にしか対応していないので、**画像のファイルパスはchar型のまま**にしておいてください。

```cpp
main.cpp

001  #include <GConsoleLib.h>
002  #include <stdio.h>
003  #include <string.h>
004  #include <wchar.h>
005
006  // 画像データ
007  const char *g_backimage =
008      "C:\\GConsole追加ファイル\\sampleimg\\chap6-1-back.png";
009  const char *g_faceimage[] = {
010      "C:\\GConsole追加ファイル\\sampleimg\\chap6-1-bad.png",
011      "C:\\GConsole追加ファイル\\sampleimg\\chap6-1-natural.png",
012      "C:\\GConsole追加ファイル\\sampleimg\\chap6-1-good.png"
013  };
014
015  // グローバル変数
016  wchar_t g_name[80];    // プレーヤーの名前
017
018  // 関数プロトタイプ宣言
019  void DrawScreen();
020
021  int main(){
022      gcls();
023      gfront();
024
025      DrawScreen();
026      // 名前入力
027      glocate(0,14);
```

恋愛ゲームを作ろう ～文字列の処理～

```
028    wchar_t ans;
029    do{
030       gwprintf(L"\n あなたの名前を入力してください ");
031       ggetws(g_name, 80);
032       // 名前の長さチェック
033       int len = wcslen(g_name);
034       if(len==0) wcscpy_s(g_name, 80, L" さとし ");
035       gwprintf(L"\n 名前は %s で合っていますか？ (y/n) ", g_name);
036       ans = ggetwchar();
037    } while(ans != L'y' && ans != L' ｙ ');
038 }
039
040 // 画面表示
041 void DrawScreen(){
042    gimage(g_backimage, 0,24);
043    gimage(g_faceimage[1], 160,64);
044 }
```

　細かい変更なので間違いやすいですが、間違っていればコンパイラが「wchar_tに変換できない」とエラーを出してくれるので、何度もコンパイルすればすべて修正できるはずです。

　36行目で全角の「ｙ」でもループを終了できるように変更しています。ワイド文字でも**半角の「y」と全角の「ｙ」の文字コードは違います**が、全角文字を気軽に扱えるのがワイド文字のいいところです。

☆ 検索キーワードで好感度を変える

　ワイド文字を使う準備ができたところで、プレーヤーの会話を検索するしくみを組み込んでみましょう。長い変更になるので、ソースコードを2分割して説明します。

main.cpp

```
001 #include <GConsoleLib.h>
002 #include <stdio.h>
003 #include <string.h>
004 #include <wchar.h>
005
006 // 画像データ
007 const char *g_backimage =
```

```
008     "C:¥¥GConsole 追加ファイル ¥¥sampleimg¥¥chap6-1-back.png";
009 const 5char *g_faceimage[] = {
010     "C:¥¥GConsole 追加ファイル ¥¥sampleimg¥¥chap6-1-bad.png",
011     "C:¥¥GConsole 追加ファイル ¥¥sampleimg¥¥chap6-1-natural.png",
012     "C:¥¥GConsole 追加ファイル ¥¥sampleimg¥¥chap6-1-good.png"
013 };
014
015 // グローバル変数
016 wchar_t g_name[80];    // プレーヤーの名前
017 int g_loverate = 50;  // 好感度
018 wchar_t g_talkbuf[256]; // 会話バッファ                       ❶グローバル変数の追加
019
020 // 関数プロトタイプ宣言
021 void DrawScreen();
022 void AnalyzeTalk();
023
024 int main(){
025     gcls();
026     gfront();
027
028     DrawScreen();
029     // 名前入力
030     glocate(0,14);
031     wchar_t ans;
032     do{
033        gwprintf(L"¥n あなたの名前を入力してください ");
034        ggetws(g_name, 80);
035        // 名前の長さチェック
036        int len = wcslen(g_name);
037        if(len==0) wcscpy_s(g_name, 80, L" さとし ");
038        gwprintf(L"¥n 名前は %s で合っていますか？ (y/n) ", g_name);
039        ans = ggetwchar();
040     } while(ans != L'y' && ans != L' y ');
041
042     // 会話
043     gcls();
044     DrawScreen();
045     glocate(0,15); gcolor(255, 80, 80);                       ❷会話ループ
046     gwprintf(L"%s 君。お話ししようよ ¥n", g_name);
047     while(1){
048        gcolor(0, 0, 200);
049        ggetws(g_talkbuf, 256);
050        gwprintf(L"¥n");
051        gcolor(255, 80, 80);
```

```
052        AnalyzeTalk();
053    }
054 }
055
056 // 画面表示
057 void DrawScreen(){
058     gimage(g_backimage, 0,24);
059     // 好感度によって表情を変える
060     int level = 1;
061     if(g_loverate <= 25) level = 0;
062     else if(g_loverate >= 75) level = 2;
063     gimage(g_faceimage[level], 160,64);
064 }
065
066                ……後略……
```

❸表情の変更

❶グローバル変数の追加

好感度を記憶するグローバル変数g_loverateと、プレーヤーが入力した会話を記憶しておくg_talkbufを定義します。好感度は0～100の間で変化することにし、g_loverateには初期値として50を代入しておきます。

❷会話ループ

名前の入力の後で「お話ししようよ」というセリフを表示し、会話入力のループを行います。とりあえず終了条件を入れないので、繰り返し条件はつねに真（1）です。ループの中ではggetws関数でプレーヤーが入力したセリフを受け取り、後半で定義しているAnalyzeTalk関数で分析して女の子を反応させます。

❸表情の変更

g_loverateの値によって女の子の表情が3とおりに変わるようにします。25以下のときは不機嫌、75以上は好意的、その間は普通の顔です。すでに配列変数g_faceimageに3つの表情のファイルパスを代入してあるので、それらが切り替わるようにしています。

↪bad（0）、natural（1）、good（2）の3種類の表情

ソースコードの後半では新たに AnalyzeTalk 関数を追加しています。この関数が今回の本題です。

```cpp
main.cpp

                           ……前略……
065
066    //AnalyzeTalk で使用するキーワードのグローバル変数
067    const wchar_t *g_goodkeyword[] = {
068      L" ケーキ ", L" ショッピング ", L" 花束 "
069    };
070    const wchar_t *g_badkeyword[] = {
071      L" 毛虫 ", L" 蛇 ", L" カエル ", L" わりかん "
072    };
073
074    // 会話解析
075    void AnalyzeTalk(){
076      int gknum = sizeof(g_goodkeyword) / sizeof(wchar_t*);
077      int bknum = sizeof(g_badkeyword) / sizeof(wchar_t*);
078
079      int goodfeeling = 0, badfeeling = 0;
080      // 良いキーワードを検索
081      for(int i=0; i<gknum; i++){
082        if( wcsstr(g_talkbuf, g_goodkeyword[i]) != NULL){
083          goodfeeling += 10;
084          gwprintf(L"%s いいよね ¥n", g_goodkeyword[i]);
085        }
086      }
087      // 悪いキーワードを検索
088      for(int i=0; i<bknum; i++){
089        if( wcsstr(g_talkbuf, g_badkeyword[i]) != NULL){
090          badfeeling += 10;
091          gwprintf(L"%s キライ ¥n", g_badkeyword[i]);
092        }
093      }
094
095      // 現在のレベル
096      int oldlevel = 1, newlevel = 1;
097      if(g_loverate <= 25) oldlevel = 0;
098      else if(g_loverate >= 75) oldlevel = 2;
099      // 変化を好感度に反映
100      g_loverate += goodfeeling - badfeeling;
101      // 新しいレベル
102      if(g_loverate <= 25) newlevel = 0;
```

❶キーワードの用意

❷要素数を調べる

❸良いキーワードの検索

❹悪いキーワードの検索

❺好感度に反映

```
103    else if(g_loverate >= 75) newlevel = 2;
104    if( oldlevel != newlevel ) {
105       DrawScreen();
106    }
107 }
```

❶ キーワードの用意

　グローバル変数のwchar_t*型配列変数を定義してキーワードを記憶させています。g_goodkeyword（ジー・グッドキーワード）は好感度を上げるキーワード、g_badkeyword（ジー・バッドキーワード）は好感度を下げるキーワードです。グローバル変数は関数のブロック外ならどこで定義してもかまいませんが、Cコンパイラの仕様上、定義した位置より上の場所では利用できないことに注意してください。キーワードの数を後から変更しやすくするために、定義時の**要素数は省略**しておきます。

　ポインタの配列変数なので、別の場所に記憶されている文字列リテラルのメモリアドレスが各要素に記憶された状態になっています (P.207参照)。

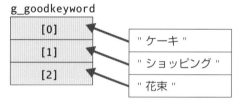

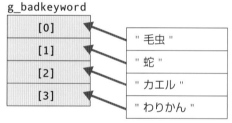

❷ 要素数を調べる

　g_goodkeywordとg_badkeywordに記憶してあるキーワードがプレーヤーのセリフに含まれているかどうかを調べるには、**キーワードの数だけループして文字列検索**をします。しかし、キーワードの数＝配列変数の要素数は定義するときに省略しています。手で数えてもいいのですが、もう少しスマートな方法で調べてみましょう。

　sizeof演算子（サイズオブ）を使うと、型や変数が記憶に必要とするバイト数を調べることができます。配列変数の場合は**全体のバイト数**がわかります。全体のバイト数を、1要素のバイト数で割れば、要素数が求められるわけです。

＊sizeof演算子の書き方

```
sizeof(int)            //4
sizeof(g_loverate)     //int 型変数なのでやはり4
```

　g_goodkeywordとg_badkeywordの場合、1つの要素はwchar_t型のポインタな

ので、「sizeof(g_goodkeyword)」を「sizeof(wchar_t*)」で割れば要素数が求められます。求めた要素数は変数gknumとbknumに代入しておきます。

「*」を付け忘れて、「sizeof(wchar_t)」としないよう注意してください。wchar_tのサイズは16ビット（2バイト）ですが、wchar_t*は**ポインタなので32ビット（4バイト）**です。

❸良いキーワードの検索

文字列の中に特定の文字列が含まれているかどうかを調べるには、文字列操作関数のstrstr関数（P.213参照）を使います。ワイド文字の場合は**wcsstr関数**になります。

strstr関数やwcsstr関数は文字列が見つかった場合はそのメモリアドレスを、見つからない場合はNULLという定数を返します。NULLはヌル文字と同じく「空」「無」という意味で、VSC2019では実体は「0」番地です（コンパイラやOSによっては0とは限りません）。NULLは**「メモリアドレスがわからない」「メモリアドレスを調べる処理が失敗した」**といった意味を表すために使われます。

wcsstr関数がNULL以外を返した場合はキーワードが見つかったことになるので、変数goodfeelingの値を増やします。

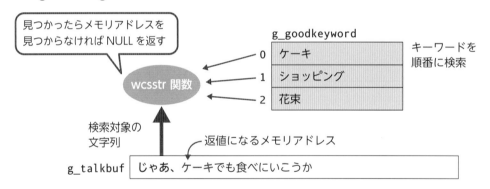

❹悪いキーワードの検索

同じように悪いキーワードを検索します。g_badkeywordのキーワードが見つかった場合、badfeelingの値を増やします。

❺好感度に反映

goodfeelingからbadfeelingを引いた数値をg_loverateに足して反映させます。その結果、g_loverateが25以下になるか75以上になったら、女の子の画像を変化させます。必要なときだけ描き変えるようにするために、goodfeeling - badfeelingを足す前と後で別々にレベルを求め、それが等しくないときだけDrawScreen関数を呼び出します。

6-2

女の子と会話できるようにしよう

⟲ g_goodkeywordのキーワードが含まれていると、「○○いいよね」といってくれる

⟲ g_badkeywordのキーワードが含まれていると「○○キライ」といわれてしまう

⟲ 会話をしばらく続けて、好感度 g_loverate が 25 を下回ると不機嫌な表情になる

☆ 女の子の反応のバリエーションを増やす

キーワードを含まないセリフを入力したときや、何も入力せずに Enter キーを押したときは、女の子はまったく反応しません。このあたりを改善しましょう。

何も入力していないかどうかは、名前入力のときと同じように文字列の長さを調べればわかります (P.207参照)。キーワードを含まないときは、検索した後も goodfeeling と badfeeling が両方とも 0 のままになっています。

それぞれの状況のときに表示されるセリフが**ランダムに変化**するようにしましょう。ランダム (Random) は、「自由に選んだ」「偶然にまかせた」といった意味です。たとえば、サイコロを振った結果はランダムです。

コンピュータにランダムな結果を出させるには、乱数 (Random number) を使います。ただしコンピュータはデタラメなことはできないので、プログラムを起動した時間などを「種の数値」にし、それをもとに複雑な計算を行って疑似乱数 (Pseudo-random number) を作ります。種の数値が同じだと作られる疑似乱数も同じになりますが、プログラムをまったく同じ時間に起動することはまずありえないので十分な乱数が得られます。

C言語では srand 関数で乱数の種を設定し、rand 関数で乱数を求めます。rand 関数は 0 ～定数 RAND_MAX の整数を返してくるので、余りを求める % 演算子 (P.56参照) などを使って欲しい範囲にまとめます。たとえば 0 ～ 99 の乱数が必要なら「rand()%100」、50 ～ 99 が必要なら「rand()%50+50」とします。

デタラメのように見えて
デタラメじゃないんだね

現在の秒数を乱数の種にする

↓

乱数を求める計算をする
Xn+1=(A*Xn+B)%RAND_MAX……

↓

乱数を返す
1 3 2 6 1 1 2 ……

＊乱数の求め方

```
#include <stdlib.h>
srand(種になる数値);
int r = rand()%100; //0〜99の乱数
```

　ソースコードを２つに分けて説明します。main関数の先頭でsrand関数を使って乱数の種を設定します。乱数の種はtime関数で決めます。time関数の返値は1970年1月1日から現在までの秒数です。

main.cpp

```
001  #include <GConsoleLib.h>
002  #include <stdio.h>
003  #include <string.h>
004  #include <wchar.h>
005  #include <stdlib.h>
006  #include <time.h>
007
008  // 画像データ
009  const char *g_backimage =
010    "C:\\GConsole追加ファイル\\sampleimg\\chap6-1-back.png";
011  const char *g_faceimage[] = {
012    "C:\\GConsole追加ファイル\\sampleimg\\chap6-1-bad.png",
013    "C:\\GConsole追加ファイル\\sampleimg\\chap6-1-natural.png",
014    "C:\\GConsole追加ファイル\\sampleimg\\chap6-1-good.png"
015  };
016
017  // グローバル変数
018  wchar_t g_name[80];    // プレーヤーの名前
019  int g_loverate = 50;  // 好感度
020  wchar_t g_talkbuf[256]; // 会話バッファ
021
022  // 関数プロトタイプ宣言
023  void DrawScreen();
024  void AnalyzeTalk();
025
026  int main(){
027    srand( (unsigned int)time(NULL) );  // 乱数の種を設定
028    gcls();
029    gfront();
030
031    DrawScreen();
032                          ……後略……
```

6-2

女の子と会話できるようにしよう

AnalyzeTalk関数に女の子の反応を返す処理を加えます。キーワードは適当に追加してください。

```cpp
main.cpp
······前略······
069  //AnalyzeTalkで使用するキーワードのグローバル変数
070  const wchar_t* g_goodkeyword[] = {
071      L"ケーキ", L"ショッピング", L"花束"
072  };
073  const wchar_t* g_badkeyword[] = {
074      L"毛虫", L"蛇", L"カエル", L"わりかん"
075  };
076  // ランダムキーワード
077  const wchar_t* g_randomtalk1[] = {
078      L"なにかしゃべってよ", L"無口だね", L"無視しないで",
079      L"お腹すいてない？"
080  };
081  const wchar_t* g_randomtalk2[] = {
082      L"ふ〜ん", L"そうだね", L"びみょ〜",
083      L"気持ちはわかるよ"
084  };
085
086  // 会話解析
087  void AnalyzeTalk(){
088      // セリフが入力されていないときの反応
089      if(wcslen(g_talkbuf) == 0){
090          int rt1num = sizeof(g_randomtalk1) / sizeof(wchar_t*);
091          gwprintf(L"%s\n",g_randomtalk1[ rand() % rt1num ]);
092          return;
093      }
094
095      int gknum = sizeof(g_goodkeyword) / sizeof(wchar_t*);
096      int bknum = sizeof(g_badkeyword) / sizeof(wchar_t*);
097
098      int goodfeeling = 0, badfeeling = 0;
099      // よいキーワードを検索
100      for(int i=0; i<gknum; i++){
101          if( wcsstr(g_talkbuf, g_goodkeyword[i]) != NULL){
102              goodfeeling += 10;
103              gwprintf(L"%s いいよね\n", g_goodkeyword[i]);
104          }
105      }
106      // 悪いキーワードを検索
107      for(int i=0; i<bknum; i++){
```

❶ランダムキーワードの用意

❷入力なしへの反応

恋愛ゲームを作ろう 〜文字列の処理〜

228

```
108       if( wcsstr(g_talkbuf, g_badkeyword[i]) != NULL){
109         badfeeling += 10;
110         gwprintf(L"%s キライ¥n", g_badkeyword[i]);
111       }
112     }
113     // キーワード一致なし
114     if(goodfeeling == 0 && badfeeling == 0){
115       int rt2num = sizeof(g_randomtalk2) / sizeof(wchar_t*);
116       gwprintf(L"%s¥n", g_randomtalk2[ rand() % rt2num ]);
117     }
118
119     // 現在のレベル
120     int oldlevel = 1, newlevel = 1;
121     if(g_loverate <= 25) oldlevel = 0;
122     else if(g_loverate >= 75) oldlevel = 2;
123     // 変化を好感度に反映
124     g_loverate += goodfeeling - badfeeling;
125     // 新しいレベル
126     if(g_loverate <= 25) newlevel = 0;
127     else if(g_loverate >= 75) newlevel = 2;
128     if( oldlevel != newlevel ) {
129       DrawScreen();
130     }
131 }
```

❸キーワード一致
なしへの反応

❶ランダムキーワードの用意

　ランダムに使用するキーワードを、入力なし用の g_randomtalk1 とキーワード一致
なし用の g_randomtalk2 の2種類定義しておきます。

❷入力なしへの反応

　g_talkbuf の文字数を調べ、0ならプレーヤーが入力せずに Enter キーを押したと判断
します。まず、g_randomtalk1 の要素数を調べ、rand関数を使って0～要素数-1の
乱数を求めます。乱数を添え字にしてセリフを選び、それを表示します。

❸キーワード一致なしへの反応

　goodfeeling と badfeeling が両方とも0だった場合、g_randomtalk2 からランダム
にセリフを選んで表示します。やっていることは❷とほとんど同じです。

　実行してみると微妙に会話が成立していない感じもしますが、機械的な反応にしてはま
ずまずといったところでしょうか。登録しておくセリフや条件を変えれば、もう少しリア
ルな反応にすることもできるはずです。

◐ セリフにキーワードが含まれていない場合は
g_randomtalk2 から選んだセリフを返す

◐ 何も入力していないときは g_randomtalk1 か
ら選んだセリフを返す

◐ セリフはランダムに変化する

6-3

シナリオデータをファイルから読み込む

シナリオデータのような長いデータは、プログラムの中に書かずに外部ファイルから読み込みます。テキストの検索の他に、マルチバイト文字とワイド文字の変換なども必要になります。

☆ シナリオデータを作ろう

女の子と会話できるようにはなりましたが、もう少しゲームに流れを与えられるよう、ゲームがシナリオデータに沿って進行するようにしましょう。シナリオデータはソースコードとは分け、独立したテキストファイルにします。そうすればいちいちコンパイルし直さずに、テキストファイルを修正するだけでゲームを変更できるからです。

シナリオデータには、セリフの他にコマンドを入れることにします。コマンドは行の先頭が半角の「#（シャープ）」で始まることにし、「#back 背景画像」で場所の移動（背景画像の変更）、「#free 回数」なら前セクションで作った自由会話ができることにします。

メモ帳などを使って「scenario.txt」というテキストファイルを作成し、ソースコードと同じフォルダ（〈chap6-1〉フォルダ）に保存しましょう。

scenario.txt

```
001  #free 5
002  遊びに行きましょう
003  #back C:¥GConsole 追加ファイル ¥sampleimg¥chap6-1-back02.png
004  #free 5
005  目的地についたわ
006  #back C:¥GConsole 追加ファイル ¥sampleimg¥chap6-1-back03.png
007  #free 10
008  じゃあ、また明日ね。バイバイ
009
```

テキストファイル内で「¥」を入力するときは、「¥¥(円マーク2個)」ではなく「¥(円マーク1個)」にすることに注意してください。「¥¥」と書くと「¥」になるのはC言語のソースコードに文字列リテラルを書くときだけです。また、最終行の「バイバイ」の後でも改行してください。

ファイルを利用するには、stdio.hでプロトタイプ宣言されているfopen関数、fclose関数、fscanf関数、fprintf関数、fgets関数などのファイル操作関数を使います。最初の2つを除けば、どこかで見たような名前の関数ですね。名前だけでなく使い方も似ていますよ。

☆ ファイルを開く・閉じる

fopen関数とfclose関数は、「ファイルを開く」と「ファイルを閉じる」という処理をします。ファイルはさまざまなプログラムから使われる上に、とても壊れやすいので、使う前に開いて読み取りや保存の準備をし、使い終わったら閉じて他のプログラムから利用できる状態にしなければいけないのです。

＊fopen関数の書き方

```
FILE 型ポインタ = fopen( ファイルパスのメモリアドレス , オープンモードを表す文字列 )
例：FILE *fp = fopen("scenario.txt", "r");
```

＊fopen_s関数(セキュア関数)の書き方

```
エラー値を記録する変数 = fopen( FILE ファイル型ポインタのアドレス ,
        ファイルパスのメモリアドレス , オープンモードを表す文字列 )
例：FILE *fp;
errno_t err = fopen_s(&fp, "scenario.txt", "r");
```

fopen関数はファイルパスとオープンモードを表す文字列を引数に取ります。オープンモードはファイルの利用方法を指定します。利用方法は読み込みと書き込み、そして追加書き込み(ファイルの末尾に書き込む)の3種類があり、テキストファイル(Text File)とバイナリファイル(Binary File)の2種類のファイルに対応しています。

テキストファイルとは文字コードだけが保存された文字のみのファイル、バイナリファイルとはテキストファイル以外のすべてのファイルのことです。画像や音声、実行ファイルなどはバイナリファイルです。

＊主なオープンモード

オープンモード	働き
r	テキストファイルの読み取り
w	テキストファイルの書き込み
a	テキストファイルに追加
rb	バイナリファイルの読み取り
wb	バイナリファイルの書き込み
ab	バイナリファイルに追加

　返値は開いたファイルを表すFILE型のメモリアドレスです。これをFILE型ポインタに記憶しておき、その後で使用するfscanf、fgets、fclose関数などの引数にします。ファイルを開くのに失敗したときはNULLを返すので、必要ならプログラムを終了させます。

```
FILE *fp;
fopen(&fp, "scenario.txt", "r");
fgets(buf, 256, fp);
fclose(fp);
```

　セキュア関数のfopen_s関数では、返値は**エラーを表す整数**で、**正常にオープンできた場合は0**を返します。FILE型のメモリアドレスは最初の引数に指定したFILE型のポインタに記憶します。

　それでは実際にファイルを読み込んでみましょう。このプログラムではワイド文字を使っているので、ファイルの読み込みにはfgets関数ではなく**fgetws関数**を使います。テキストファイルがシフトJISであっても、fgetws関数は**ワイド文字に自動的に変換して**くれます。ただし、利用する前に**setlocale関数**で日本語文字を使用することを指定しておかないと文字化けします。

```
main.cpp
001 #include <GConsoleLib.h>
002 #include <stdio.h>
003 #include <string.h>
004 #include <wchar.h>
005 #include <stdlib.h>
006 #include <time.h>
007 #include <locale.h>
008
009 // 画像データ
010 const char *g_backimage =
```

```
011      "C:¥¥GConsole追加ファイル¥¥sampleimg¥¥chap6-1-back.png";
012  const char *g_faceimage[] = {
013      "C:¥¥GConsole追加ファイル¥¥sampleimg¥¥chap6-1-bad.png",
014      "C:¥¥GConsole追加ファイル¥¥sampleimg¥¥chap6-1-natural.png",
015      "C:¥¥GConsole追加ファイル¥¥sampleimg¥¥chap6-1-good.png"
016  };
017
018  // グローバル変数
019  wchar_t g_name[80];    // プレーヤーの名前
020  int g_loverate = 50;   // 好感度
021  wchar_t g_talkbuf[256]; // 会話バッファ
022  #define SCLINEMAX 100 // シナリオの行数
023  #define SCLINELEN 256 // シナリオ1行の文字数
024  wchar_t g_scenario[SCLINEMAX][SCLINELEN];
025  int g_screadlines = 0;   // 読み込んだ行数
026
027  // 関数プロトタイプ宣言
028  void DrawScreen();
029  void AnalyzeTalk();
030
031  int main(){
032      srand( (unsigned int)time(NULL) );
033      // ワイド文字変換用のロケール設定
034      setlocale(LC_ALL,"japanese");
035      // ファイル読み込み
036      FILE *fp;
037      if( fopen_s(&fp, "scenario.txt", "r") != 0 ) {
038          printf(" ファイル読み込みエラー¥n");
039          return -1;
040      }
041      while(fgetws( g_scenario[g_screadlines], SCLINELEN, fp ) != NULL){
042          int len = wcslen(g_scenario[g_screadlines]);
043          g_scenario[g_screadlines][len-1] = L'¥0';  // 改行削除
044          wprintf(L"%s¥n", g_scenario[g_screadlines]); // 確認
045          g_screadlines++;
046      }
047      fclose(fp);
048
049      gcls();
050      gfront();
051
052      DrawScreen();
```

……後略……

❶シナリオ読み込み用変数の定義

❷ファイルを開く

❸1行ずつ読み込み

```
C:\Windows\system32\cmd.exe                                    ─
#free 5
遊びに行きましょう
#back C:\GConsole追加ファイル\sampleimg\chap6-1-back02.png
#free 5
目的地についたわ
#back C:\GConsole追加ファイル\sampleimg\chap6-1-back03.png
#free 10
じゃあ、また明日ね。バイバイ
**clear screen
**bring to front
**gimage = C:\GConsole追加ファイル\sampleimg\chap6-1-back.png
**gimage = C:\GConsole追加ファイル\sampleimg\chap6-1-natural.png
**glocate = E
**gwprintf =
```

○ 確認のために読み込んだ
内容をコマンドプロンプト
に表示

❶ シナリオ読み込み用変数の定義

　　読み込んだシナリオデータを記憶しておくwchar_t型2次元配列 **g_scenario** ^(ジー・シナリオ) を定義
します。1行の文字数は256文字 (ヌル文字含む)、最大行数は100行までとし、それぞ
れ定数に記憶しておきます。ファイルによって行数が変わるため、実際に読み込んだ行
数を記録しておく**変数g_screadlines** ^(ジー・エスシーリードラインズ) も定義しておきます。

❷ ファイルを開く

　　まず、setlocate関数で日本語に変換されるよう設定しておきます。次にfopen_s関
数を使って、テキスト読み込みモードでファイルを開きます。読み込みに失敗した場合
は0以外の数値が返されるので、「ファイル読み込みエラー」と表示してreturn文でプ
ログラムを終了します。

　　**ファイルがプログラムと同じフォルダ内にある場合、ドライブ名やフォルダ名を省略
できます** (正確にはソースコードと同じ場所にありますが、VSC2019がビルド後の実
行ファイルと同じ場所にあると見なします)。gimage関数で指定するときに省略でき
ないのは、画像の読み込みを行うのがグラフィカルコンソールだからです。省略すると
グラフィカルコンソールと同じ場所のフォルダに探しに行ってしまいます。

❸ 1行ずつ読み込み

　　fgetws関数で1行ずつファイルを読み込みます。fgetws関数はファイルの末尾
まで読み込むとNULLを返し、それ以外の時は読み込み先のメモリアドレスを返すの
で、**「NULL以外」を繰り返し条件にしたwhile文**を書きます。読み込み先の要素はg_
screadlinesが表します。while文のブロック内でg_screadlinesを1増やし、**読み込ん
だ行数を記録**するとともに読み込み先の要素をずらしていきます。

　　fgetwsでは行末の改行 (L'\n') も一緒に読み込みますが、このプログラム中では不要
です。wcslen関数で文字数を調べ、文字数から1を引いた位置 (現在改行が書き込まれ
ている要素) に「L'\0'」を代入してそこで**文字列を終わり**にします。

　　44行目でwprintf関数を使って読み込んだテキストを表示していますが、これは確認

のためのものなので重要ではありません。

　読み込みが終了したら**fclose**関数でファイルを閉じます。

＊配列変数 g_scenario に記憶される内容　　　　　改行は ¥0 で上書き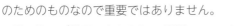

0	#	f	r	e	e			5	¥n	¥0						
1	遊	び	に	行	き	ま	しょ	う	¥n	¥0						
2	#	b	a	c	k		C	:	¥	G	C	o	n	s	o	l	e	追加	ファ	イ

　このプログラムでは100行×256文字と決めてしまっているので、読み込むデータが100行か256文字を超えたら実行時エラーが起きます。また、1行が10文字程度しかなかったら、残りの246文字分の要素はムダになってしまいます。今回のように読み込むファイルサイズが小さければ問題はありませんが、大きなファイルを読み込むときは、**行数や文字数を自由に変更できる**ようにする工夫が必要です。次の章で説明する「メモリの動的割り当て」を使うべきでしょう。

コラム
typedef で新たな型を作る

　P.232のfopen_s関数の説明で、さらっと「errno_t」という名前が登場しています。これは「エラーノ」ではなく、エラーナンバーを表す型で、実体はunsigned int型です。**typedef**というキーワードを使うと、既存の型をもとにして新しい型を定義することができます。ワイド文字を記憶するwchar_t型も、unsigned short型を元にtypedef文で作られたものです。

```
typedef 元の型 新しい型 ;
例 : typedef usngined int errno_t;
```

☆ シナリオを解読する

　読み込んだシナリオデータを解読し、それによってゲームが進行するようにします。シナリオのデータには、ただのセリフと「#」で始まるコマンドがあり、それぞれ処理を変えなければいけません。また、各コマンドの処理もそれぞれ異なります。

　そのあたりを考えた解読処理の流れは、次の図のようになります。

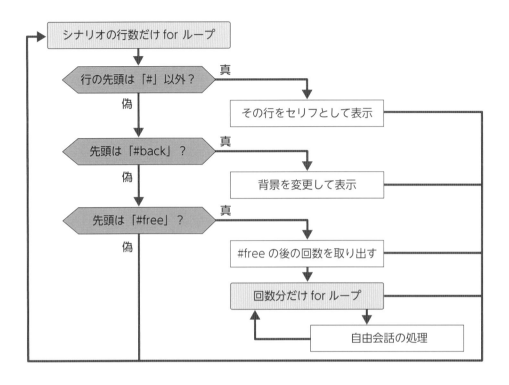

　最初に「先頭に#があるかどうか」を確認しているのは、文字コード1つの比較だけで簡単に判定できるからです。このように細かく分岐するときは、**簡単に条件判定できるものを先にする**と、全体の処理速度を上げられます。

```cpp
main.cpp#main 関数
001  #include <GConsoleLib.h>
002  #include <stdio.h>
003  #include <string.h>
004  #include <wchar.h>
005  #include <stdlib.h>
006  #include <time.h>
007  #include <locale.h>
008
009  // 画像データ
010  const char *g_backimage =
011    "C:¥¥GConsole追加ファイル¥¥sampleimg¥¥chap6-1-back.png";
012  const char *g_faceimage[] = {
013    "C:¥¥GConsole追加ファイル¥¥sampleimg¥¥chap6-1-bad.png",
014    "C:¥¥GConsole追加ファイル¥¥sampleimg¥¥chap6-1-natural.png",
015    "C:¥¥GConsole追加ファイル¥¥sampleimg¥¥chap6-1-good.png"
```

```
016   };
017   char g_imagebuf[256]; // コマンドのファイルパスを記憶しておくバッファ
018
019   // グローバル変数
020   wchar_t g_name[80];    // プレーヤーの名前
021   int g_loverate = 50;  // 好感度
022   wchar_t g_talkbuf[256]; // 会話バッファ
023   #define SCLINEMAX 100 // シナリオの行数
024   #define SCLINELEN 256 // シナリオ 1 行の文字数
025   wchar_t g_scenario[SCLINEMAX][SCLINELEN];
026   int g_screadlines = 0;   // 読み込んだ行数
027
028   // 関数プロトタイプ宣言
029   void DrawScreen();
030   void AnalyzeTalk();
031
032   int main(){
033     srand( (unsigned int)time(NULL) );
034     // ワイド文字変換用のロケール設定
035     setlocale(LC_ALL,"japanese");
036     // ファイル読み込み
037     FILE *fp;
038     if( fopen_s(&fp, "scenario.txt", "r") != 0 ) {
039       printf(" ファイル読み込みエラー ¥n");
040       return -1;
041     }
042     while(fgetws( g_scenario[g_screadlines], SCLINELEN, fp ) != NULL){
043       int len = wcslen(g_scenario[g_screadlines]);
044       g_scenario[g_screadlines][len-1] = L'¥0';   // 改行削除
045       wprintf(L"%s¥n", g_scenario[g_screadlines]); // 確認
046       g_screadlines++;
047     }
048     fclose(fp);
049
050     gcls();
051     gfront();
052
053     DrawScreen();
054     // 名前入力
055     glocate(0,14);
056     wchar_t ans;
057     do{
058       gwprintf(L"¥n あなたの名前を入力してください ");
059       ggetws(g_name, 80);
```

```
060        // 名前の長さチェック
061        int len = wcslen(g_name);
062        if(len==0) wcscpy_s(g_name, 80, L" さとし ");
063        gwprintf(L"¥n 名前は %s で合っていますか？（y/n）", g_name);
064        ans = ggetwchar();
065    } while(ans != L'y' && ans != L' y ');
066
067    // シナリオ解析
068    for(int curline = 0; curline < g_screadlines; curline++){          ❶メインループ
069        if(g_scenario[curline][0] != L'#'){
070            // 通常のセリフ
071            gcolor(255, 80, 80);
072            gwprintf(L"%s¥n", g_scenario[curline]);
073            ggetwchar();   // 待機                                      ❷セリフの表示
074        } else {
075            // コマンド
076            if(wcsstr(g_scenario[curline], L"#back") != NULL){          ❸#back コマンドの判定
077                // 背景変更
078                // ファイルパスを g_imagebuf へコピー
079                unsigned int num;
080                wcstombs_s(&num, g_imagebuf, 256,                       ❹ファイルパスの取り出し
081                    &g_scenario[curline][6], 255 );
082                g_backimage = g_imagebuf;
083                DrawScreen();
084            } else if(wcsstr(g_scenario[curline], L"#free") != NULL){
085                // フリートーク
086                int freetalkcnt;
087                swscanf_s(g_scenario[curline],
088                    L"#free %d", &freetalkcnt);
089                // 会話
090                gcls();
091                DrawScreen();
092                glocate(0,15); gcolor(255, 80, 80);
093                gwprintf(L"%s 君。お話ししようよ ¥n", g_name);
094                for(int i = 0; i<freetalkcnt; i++){
095                    gcolor(0, 0, 200);
096                    ggetws(g_talkbuf, 256);
097                    gwprintf(L"¥n");
098                    gcolor(255, 80, 80);
099                    AnalyzeTalk();
100                }
101            }                                                           ❺free コマンドの処理
102        }
103    }
```

6-3

シナリオデータをファイルから読み込む

```
104
105  }
106                          ……後略……
```

❶メインループ

g_screadlinesに記録されている、**読み込んだ行数だけ全体の処理をループ**させます。for文の回数を記録する変数の名前はiやjではなく、役目がわかりやすいcurline（Current Line、現在の行の略）としています。このfor分のブロックが非常に大きくなるため、シンプルな変数名だと「何のための変数なのか」「すでにその変数名は使っているのかいないのか」がわかりにくくなってしまうからです。

❷セリフの表示

g_scenario[curline]が現在解読しようとしている行です。その先頭（添え字0）が#かどうかを調べ、#以外ならその行をgwprintf関数でそのまま表示します。表示した後、すぐ次の行に移るとプレーヤーが読めない可能性があるため、ggetwchar関数を加えて、Enterキーを押すまで次の処理に移らないようにしています。

❸#backコマンドの判定

先頭が#の場合はコマンドです。wcsstr関数で「#back」を検索し、NULL以外が返されればその行には「#back」が含まれています。

❹ファイルパスの取り出し

「#back」コマンドの場合、スペースを1つ空けてその後は**背景画像のファイルパス**です。ファイルパスの先頭メモリアドレス（6文字目以降）をchar型ポインタのg_backimageに代入してDrawScreen関数を呼び出せば、新しい背景画像に変更されます。

g_scenarioはwchar_t型なので**char型に変換**しなければいけません。この変換には**wcstombs関数**（セキュア関数はwcstombs_s）を使います。wcstombsは「Wide-character String To Multi-byte String」の略です。

＊wcstombs_s関数の書き方

```
wcstombs_s（ 変換された文字数を記録する int 型変数のメモリアドレス ，
        変換先の char 型のメモリアドレス ， 記録可能なバイト数 ，
        変換元の wchar_t 型のメモリアドレス ， 変換してほしい最大バイト数 ）；
```

引数の「変換してほしい最大バイト数」には、**ワイド文字テキストの文字数を指定してはいけません**。ここには変換後の**マルチバイト文字でのバイト数**を指定するため、全角文字があると文字数とバイト数が合わなくなるため、途中までしか変換されなくなります。通常は、変換先の記録可能なバイト数から1引いた数値（ヌル文字の分を引いた数値）を指定しておけばいいでしょう。

char型の文字列をwchar_t型に変換したい場合は、mbstowcs関数（セキュア関数はmbstowcs_s）を使います。なお、引数の「記録可能な文字数」には2バイト単位の数字を指定するため、wchar_t型配列の要素数を指定してください。

＊mbstowcs_s関数の書き方

```
mbstowcs_s（ 変換された文字数を記録する int 型変数のメモリアドレス ，
        変換先の wchar_t 型のメモリアドレス ， 記録可能な文字数 ，
        変換元の char 型のメモリアドレス ， 変換してほしい最大文字数 ）;
```

❺ #freeコマンドの処理

先頭が「#free」なら、指定した回数だけ自由会話を行います。回数の取り出しにはsscanf_s関数（P.83参照）のワイド文字版の**swscanf_s関数**を使います。

後はすでに書いてある自由会話処理のwhile文をfor文に取り替え、指定した回数だけ文字列の入力とAnalyzeTalk関数の呼び出しを行うようにします。

😊 最初は「#free 5」なのでしばらく自由会話。しばらく話していると「遊びにいきましょう」といってくる

6-3

シナリオデータをファイルから読み込む

⊙「#back」コマンドで背景が変わった。「#free 5」の後、「目的地についたわ」といわれる

⊙ また背景が変わるので、しばらく会話しよう。最後に「バイバイ」といわれてプログラムが終了する

　シナリオが短いのですぐに終わってしまいますが、シナリオデータを強化してコマンドを追加すれば、もっと面白い会話をさせられるはずです。

　C言語で文字列処理をすると、どうしても「文字がメモリにどのように記憶されているのか」を意識することになります。配列変数とメモリアドレス、そしてポインタをいかにうまく使うかが重要です。そのあたりについては、次の第7章でも引き続き説明します。

Chapter 7

プラネタリウムを
作ろう
〜データ構造とメモリ管理〜

この章ではプラネタリウムの作成を通して、「データ構造」と「メモリ管理」について学習していきます。星の座標などを記録するために「構造体」を作り、さらにそれを「動的に割り当てたメモリ領域」に記憶します。

7-1 星座を画面に表示しよう

星座のデータを記憶する構造体を作り、ファイルからデータを読み込んで画面に表示します。星の数は星座によって変わってくるので、数に合わせて malloc 関数でメモリ領域を確保します。

☆ 星座のデータをファイルから読み込む

最後の第7章では「プラネタリウム」を作成します。プラネタリウムはゲームではありませんが、「星座」のデータを記憶して表示する処理は、ゲームを含むさまざまなプログラムに応用できるはずです。

⬆ プラネタリウムの鑑賞画面と編集画面

まずは新たにプロジェクト「chap7-1」を作成してソースコード「main.cpp」を追加してください（P.70 〜 73参照）。

⬆ プロジェクト「chap7-1」を作成して「main.cpp」を追加

さて、星座というのは複数の星を線でつないだものです。それを記憶するには、1つの星座ごとに複数の星の位置（座標）を記憶しなければいけません。また、星と星の間をつなぐ線の情報も必要です。記憶する必要があるものをリストアップしてみましょう。

＊星座1つ分のデータ

・星座の名前
・星の位置を表す座標×複数
・星の等級（明るさ）
・星をつなぐ線のデータ×複数

今回はデータを外部のテキストファイルから読み込むことにします。サンプルファイルの中に「zodiac_org.txt」というテキストファイルがあるので、これを〈chap7-1〉フォルダの中にコピーして「zodiac.txt」に名前変更してください。簡単なテキストファイルなので、メモ帳などで中を見ることができます。Zodiacとは黄道十二宮のことで、山羊座、水瓶座、魚座……などの12星座のデータを記録しています。

zodiac.txtのデータは、「星座名」「星の数」「星のデータ」「線の数」「線のデータ」の順で記録しています。星の数が13であればその後に星のデータが13行続き、線の数が12であればその後に線のデータが12行続きます。ただし、線のデータは後からプログラムで設定するので、現在はすべて0になっています。

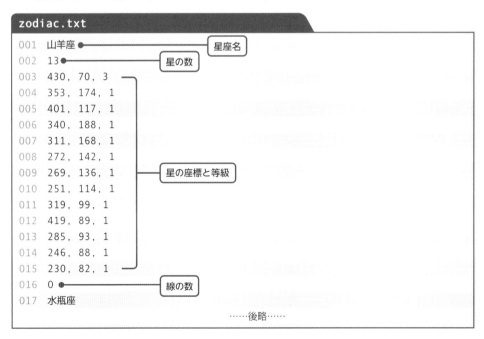

zodiac.txt

```
001   山羊座          ●――――――――［星座名］
002   13             ●――――――［星の数］
003   430, 70, 3
004   353, 174, 1
005   401, 117, 1
006   340, 188, 1
007   311, 168, 1
008   272, 142, 1
009   269, 136, 1          ［星の座標と等級］
010   251, 114, 1
011   319, 99, 1
012   419, 89, 1
013   285, 93, 1
014   246, 88, 1
015   230, 82, 1
016   0              ●――――――［線の数］
017   水瓶座
              ……後略……
```

245

先にこのzodiac.txtを読み込む処理を書いてしまいましょう。ファイルの読み込みには第6章で説明した、fopen、fgetws、fcloseなどのファイル関数を使います（P.232参照）。ただし、今回は複雑な文字列操作をしないので、ワイド文字ではなく**char型のマルチバイト文字を使う**こととします。fopen、fclose関数は共通なので、読み込みがfgetwsではなくfgets関数に変わるわけですね。

今回は読み込んだらとりあえずprintf文で表示するだけですが、後で変数に記憶するときのために、星の数や線の数、座標などのデータを読み取れるようにしておきます。

main.cpp

```cpp
001 #include <GConsoleLib.h>
002 #include <stdio.h>
003 #include <string.h>
004
005 #define SEIZAMAX 12
006
007 int main(){
008     // ファイル読み込み
009     FILE *fp;
010     if( fopen_s(&fp, "zodiac.txt", "r") != 0 ) {
011         printf(" ファイル読み込みエラー ¥n");
012         return -1;
013     }
014     char rbuf[256];
015     for(int i=0; i<SEIZAMAX; i++){
016         if(fgets( rbuf, 256, fp ) == NULL) break;          ❶星座名の読み込み
017         // 最初は星座名
018         printf(rbuf);
019         // 星の数
020         if(fgets( rbuf, 256, fp ) == NULL) break;          ❷星の数の読み込み
021         int starnum;
022         sscanf_s(rbuf, "%d", &starnum);
023         // 星データ読み込み
024         for(int j=0; j<starnum; j++){
025             if(fgets( rbuf, 256, fp ) == NULL) break;
026             int x, y, m;                                   ❸星のデータ
027             sscanf_s(rbuf, "%d, %d, %d", &x, &y, &m);       の読み込み
028             printf("%d, %d, %d¥n", x, y, m);
029         }
030         // 線の数
031         if(fgets( rbuf, 256, fp ) == NULL) break;          ❹線の数の読み込み
032         int linenum;
033         sscanf_s(rbuf, "%d", &linenum);
```

```
034        // 線データ読み込み
035        for(int j=0; j<linenum; j++){
036          if(fgets( rbuf, 256, fp ) == NULL) break;
037          int sp, ep;
038          sscanf_s(rbuf, "%d, %d", &sp, &ep);
039          printf("%d, %d¥n", sp, ep);
040        }
041      }
042      fclose(fp);
043    }
```

❺線のデータ
の読み込み

🖥 C:¥WINDOWS¥system32¥cmd.exe

山羊座
430, 70, 3
353, 174, 1
401, 117, 1
340, 188, 1
311, 168, 1
272, 142, 1
269, 136, 1
251, 114, 1
319, 99, 1
419, 89, 1
285, 93, 1

☝ 読み込んだデータが表示される

❶星座名の読み込み

zodiac.txtには12星座のデータが記憶されているので、12回の読み込みを行います。先に定数**SEIZAMAX(12)** を定義しておき、その回数だけfor文でループさせます。

データの一番初めには「星座名」が来ます。それをchar型**配列変数rbuf**に読み込み、printf文で表示します。ファイルの末尾に達したか、何らかのエラーが発生してfgets関数が失敗を表すNULL(P.235参照) を返してきたら、break文でループから脱出して読み込み処理を終了します。

❷星の数の読み込み

星座名の後には「星の数」が来ます。それを同じようにrbufに読み込み、sscanf_s関数を使って**変数starnum**に記憶します。

❸星のデータの読み込み

星の数の分だけ、「星のデータ」が続きます。星の数はstarnumに記憶しておいたので、その回数のforループを行います。星のデータは「x座標，y座標，等級」の形式になっているので、それをsscanf_s関数で**変数x, y, m**に記憶します。

❹線の数の読み込み

次は「線の数」です。星の数と同じように**変数linenum**に記憶します。

❺線のデータの読み込み

　現在のデータでは線の数は0になっているため、読み取る必要はありません。しかし、後で必要になるので一応処理を書いておきます。線のデータは「**始点の星の番号, 終点の星の番号**」の形式にします。読み込んだ星のデータは配列変数に記憶することになるので、その添え字を指定して星から星へ線を引くのです。

☆ 複雑なデータを構造体に記憶する

　ファイルからデータを読み込んだら、それを変数に記憶しなくてはいけません。しかし、データの構造が複雑なので、変数や配列変数がたくさん必要になりそうですね。こういうときは**構造体 (Structure)** を使いましょう。構造体とは、すでにある変数の型を組み合わせて**新しい型を作る**文法です。複雑なデータでもすっきりとまとめて記憶できます。

　構造体は次のように**struct**キーワードを使って定義します。ブロック内には、構造体の一部になる**メンバ変数**を定義します。「}」の後に「;(セミコロン)」が必要です。

＊構造体の定義

```
struct  型の名前 {
        メンバ変数の型  名前 ;
        メンバ変数の型  名前 ;
};
```

　構造体は新しい型を作るので、定義した後は最初からあるint型などと同じように変数の定義に使えます。構造体の中にあるメンバ変数を利用するときは、**.(ドット)演算子**を使って「構造体変数名.メンバ変数名」のように書きます。

　たとえば、星座1つのデータを記録する**Seiza構造体**を作るとしたら、次のようになります。

```
struct Seiza{          //Seiza 構造体を定義
  char name[24];    // 名前
  int starx[10];    // 星の x 座標の配列
  int stary[10];    // 星の y 座標の配列
  int starm[10];    // 星の等級の配列
  int linesp[10];   // 線の始点の配列
  int lineep[10];   // 線の終点の配列
};
```

```
Seiza yagiza, mizugameza;      //Seiza 型変数を定義

printf("%s¥n", yagiza.name); // 山羊座の名前を表示
mizugameza.starx[0] = 512;     // 水瓶座の最初の星の座標を設定
mizugameza.stary[0] = 200;
```

　構造体のメンバ変数の型に構造体を使うこともできます。星のデータと線のデータは別の構造体にしたほうがスッキリします。

```
struct Star{
   int x, y;          // 座標
   int magnitude;     // 等級
};
struct Line{
   int startpt, endpt;    // 線の始点と終点
};
struct Seiza{
   char name[24];      // 星座名
   Star stars[10];     // 星の配列
   Line lines[10];     // 線の配列
};

Seiza yagiza, mizugameza;
mizugameza.stars[0].x = 512;        // 水瓶座の最初の星の座標を設定
mizugameza.stars[0].y = 200;
```

　構造体型の配列変数を定義した場合、中のデータは「最初の要素のメンバ変数」……「次の要素のメンバ変数」……といった具合にメモリに記憶されます。

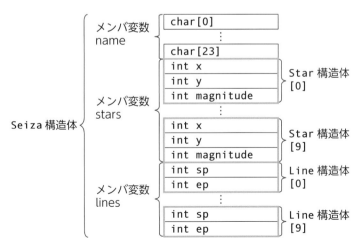

プラネタリウムを作ろう 〜データ構造とメモリ管理〜

　構造体は今まで説明してきたC言語の文法の中ではわかりやすいほうではないでしょうか？　私たちのふだんの生活の中でも、「名前」「年齢」「性別」などいろいろな種類の情報を1つのセットとして覚えたり、紙などに記録したりすることはよくあるはずです。C言語の構造体は、それをプログラムに取り込んだものなのです。

⬆ 構造体を作ると「何のデータなのか」がわかりやすくなる

構造体の定義の書き方

　実は今説明したのはC++流の構造体の使い方です。C言語の教科書には、構造体の使い方が次のように説明されているかもしれません。

＊構造体の使い方A

struct 構造体タグ {
 	
　　メンバ変数
 	
};
 	
// 変数定義
struct 構造体タグ 変数名 ;

＊構造体の使い方B

typedef struct 構造体タグ {
 	
　　メンバ変数
 	
} 構造体型名 ;
 	
// 変数定義
構造体型名 変数名 ;

　C言語の正式な文法では、構造体の変数を定義するときにもstructを付けなければいけません。使い方Bでは、新しい型を作るtypedef（P.236参照）を組み合わせて、structを省略できるようにしています。

☆ サイズが変わる配列変数を作ろう

　構造体の例として作ったSeiza構造体では、星の数と線の数が10個に固定されていました。これでは記憶できるのは、星の数が少ない牡羊座、カニ座、天秤座ぐらいで他は記憶できません。とはいえ、一番星が多いものに合わせると、他の11個の星座では要素がムダになります。これは第6章でテキストデータから読み込んだ文字列を配列変数に記憶するときにも起きていた問題ですね (P.236参照)。

　配列変数の**サイズが変えられたらいいのに**……と思いませんか？

　C言語では配列変数のサイズを変えることはできませんが、**ポインタとmalloc関数**（マロックまたはエムアロック）を使えば、ほとんど同じことができます。mallocはMemory Allocationの略で、「メモリ割り当て」という意味です。

　ポインタは前に少し説明しましたが、メモリアドレスを記録できる変数のことです (P.207参照)。変数を定義するときに名前の前に「*（アスタリスク）」を付けると、その型のポインタになります。malloc関数は指定したバイト数の**メモリ領域をある場所から用意して**、そのメモリアドレスを返します。それを望みの型のポインタに代入して、添え字演算子[ ]を付けると配列変数のように使うことができるのです。

```
int *pt = (int*)malloc( sizeof(int)*10 );         //int型×10を割り当て
pt[0] = 10;
pt[1] = 11;
```

　構造体型の変数でも同じことができます。

```
Star *stars = (Star*)malloc( sizeof(Star)*10 );   //Star型×10を割り当て
stars[0].x = 100;
stars[0].y = 400;
```

　1要素分のバイト数はsizeof演算子で調べます (P.224参照)。また、malloc関数の返値は**void型**のメモリアドレスなので、ポインタの型に合わせてキャストしなければいけません。

　void型は**「どの型でもない型」**で、memcpy関数 (P.214参照) のようにさまざまな型のメモリアドレスを扱う関数などで使われています。他の型のポインタからvoid型のポインタに代入するときは警告は表示されませんが、逆のときは警告が表示されます。

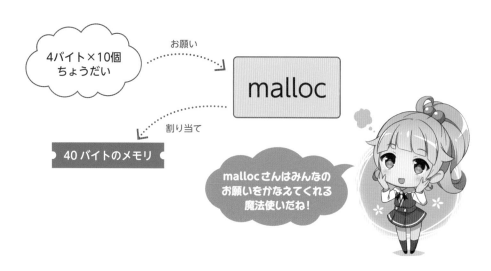

4バイト×10個
ちょうだい

お願い

malloc

割り当て

40 バイトのメモリ

mallocさんはみんなの
お願いをかなえてくれる
魔法使いだね！

では、malloc関数でメモリ領域を確保し、そこに星や線のデータを記憶させてみましょう。malloc関数を使うにはヘッダファイルstdlib.hをインクルードする必要があります。

```cpp
001  #include <GConsoleLib.h>
002  #include <stdio.h>
003  #include <string.h>
004  #include <stdlib.h>
005
006  #define SEIZAMAX 12
007  // 星座データ
008  struct Star{
009      int x, y;      // 座標
010      int magnitude; // 等級
011  };
012  struct Line{
013      int startpt, endpt;
014  };
015  struct Seiza{
016      char *name;    // 星座名
017      Star *stars;   // 星の配列
018      int starnum;   // 星の数
019      Line *lines;   // 線の配列
020      int linenum;   // 線の数
021  };
022
023  Seiza g_seiza[SEIZAMAX];
```

main.cpp

❶構造体の定義

```
024
025    // 関数プロトタイプ宣言
026    void DrawSeiza(int);
027
028    int main(){
029        // ファイル読み込み
030        FILE *fp;
031        if( fopen_s(&fp, "zodiac.txt", "r") != 0 ) {
032            printf("ファイル読み込みエラー¥n");
033            return -1;
034        }
035        char rbuf[256];
036        for(int i=0; i<SEIZAMAX; i++){
037            if(fgets( rbuf, 256, fp ) == NULL) break;
038            // 最初は星座名
039            int len = strlen(rbuf);
040            g_seiza[i].name = (char *)malloc( sizeof(char) * len );
041            strncpy_s(g_seiza[i].name, len, rbuf, len-1);
042            g_seiza[i].name[len-1] = '¥0';
043            // 星の数
044            if(fgets( rbuf, 256, fp ) == NULL) break;
045            sscanf_s(rbuf, "%d", &g_seiza[i].starnum);
046            // メモリ確保
047            g_seiza[i].stars =
048                (Star *)malloc( sizeof(Star) * g_seiza[i].starnum);
049            // 星データ読み込み
050            for(int j=0; j<g_seiza[i].starnum; j++){
051                if(fgets( rbuf, 256, fp ) == NULL) break;
052                int x, y, m;
053                sscanf_s(rbuf, "%d, %d, %d", &x, &y, &m);
054                g_seiza[i].stars[j].x = x;
055                g_seiza[i].stars[j].y = y;
056                g_seiza[i].stars[j].magnitude = m;
057            }
058            // 線の数
059            if(fgets( rbuf, 256, fp ) == NULL) break;
060            sscanf_s(rbuf, "%d", &g_seiza[i].linenum);
061            // メモリ確保
062            g_seiza[i].lines =
063                (Line *)malloc( sizeof(Line) * g_seiza[i].linenum);
064            // 線データ読み込み
065            for(int j=0; j<g_seiza[i].linenum; j++){
066                if(fgets( rbuf, 256, fp ) == NULL) break;
067                int sp, ep;
```

❷星座名を記憶

❸星のデータを記憶

❹線のデータを記憶

7-1

星座を画面に表示しよう

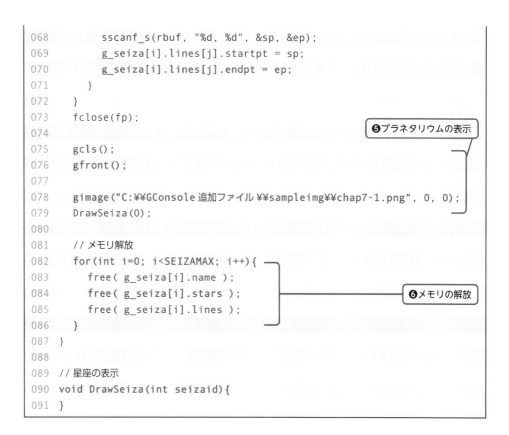

```
068        sscanf_s(rbuf, "%d, %d", &sp, &ep);
069        g_seiza[i].lines[j].startpt = sp;
070        g_seiza[i].lines[j].endpt = ep;
071      }
072    }
073    fclose(fp);
074
075    gcls();
076    gfront();
077
078    gimage("C:\\GConsole追加ファイル\\sampleimg\\chap7-1.png", 0, 0);
079    DrawSeiza(0);
080
081    // メモリ解放
082    for(int i=0; i<SEIZAMAX; i++){
083       free( g_seiza[i].name );
084       free( g_seiza[i].stars );
085       free( g_seiza[i].lines );
086    }
087  }
088
089  // 星座の表示
090  void DrawSeiza(int seizaid){
091  }
```

❺プラネタリウムの表示

❻メモリの解放

❶構造体の定義

　星座データを記憶するためのStar、Line、Seiza構造体を定義し、Seiza型のグローバル配列変数g_seizaを定義します。12星座分のデータを記憶するので、要素数は12です。

　先に構造体の説明で見せたSeiza構造体との違いは、メンバ変数name、stars、linesが配列変数ではなくポインタになり、starsとlinesの要素数を記憶するメンバ変数starnumとlinenumを追加したことです。星と線の数は自由に変更できるようになったため、要素数を記憶しておかないと、**確保したメモリ領域のサイズがわからなくなってしまう**からです。

❷星座名を記憶

　メモリを確保して星座名を記憶します。まずstrlen関数（P.210参照）を使ってrbufに読み込んだ文字列の長さを調べます。次にmalloc関数でその長さ分のメモリを確保し、Star構造体のメンバ変数nameに記憶します。

```
int len = strlen(rbuf);                          // 長さを調べる
g_seiza[i].name = (char *)malloc( sizeof(char) * len ); // メモリ確保
strncpy_s(g_seiza[i].name, len, rbuf, len-1);    // 文字列コピー
g_seiza[i].name[len-1] = '¥0';                   // ヌル文字に置き換え
```

　ここで注意が必要なのはstrlen関数が返す文字列の長さには、**ヌル文字 (¥0) の分が含まれていない**ということです。rbufのデータをすべて記憶するには、「strlen関数の返値＋1」サイズのメモリ領域が必要です。ただし、fgets関数で読み込んだ文字列には**末尾に改行 (¥n) が含まれており**、今回はそれをヌル文字に置き換えます。ですから、malloc関数で確保するメモリ領域のサイズは、strlen関数の返値をそのまま使います。

　確保したメモリ領域に文字列をコピーします。最後の改行は不要なので、strcpy_s関数ではなく、文字数を指定できるstrncpy_s関数 (P.213参照) を使って**改行の直前まで**を**コピー**しています。そして最後に自分でヌル文字を代入します。

　strncpy_s関数とstrlen関数を組み合わせて使う場合、**末尾のヌル文字をコピーし忘れる**のはとても起こしやすいミスなので気をつけましょう

```
strncpy_s(wbuf, wbufsize, rbuf, strlen(rbuf));   // ×ヌル文字がコピーされない
strncpy_s(wbuf, wbufsize, rbuf, strlen(rbuf)+1); // ○これが正解
```

❸星のデータを記憶

　星のサイズをSeiza構造体のメンバ変数starnumに記憶し、「Star構造体のバイト数× starnum」分のメモリ領域をmalloc関数で確保して、メンバ変数starsにメモリアドレスを記憶します。メモリを確保した後は、座標と等級の数値を代入していきます。

❹線のデータを記憶

　同じように、線のサイズをSeiza構造体のメンバ変数linenumに記憶し、「Line構造体のバイト数× linenum」分のメモリ領域を確保して、メンバ変数linesにメモリアドレスを記憶します。そしてデータを代入していきます。

❺プラネタリウムの表示

　グラフィカルコンソールにプラネタリウムの背景や星座を表示するための処理を書きます。星座の表示はDrawSeiza関数に書きますが、それは後でやるので現在は空です。

❻メモリ領域の解放

　malloc関数に割り当ててもらったメモリ領域は、使い終わったら返さなければいけません。free関数にメモリアドレスを指定して解放します。free関数を使わなくても、プログラムを終了すればメモリはすべて解放されるのですが、プログラムの実行中は確保したままです。そうなると、長い時間プログラムを動かしているうちにどんどんメモリ

を食いつぶして、**パソコンにさまざまな不具合が起きる**ことがあります。

　ソースコードを修正し終わったら実行してみましょう。まだ星座の表示処理を書いていないので背景しか表示されませんが、最後までちゃんと動作することを確認するのが大事です。メモリがちゃんと確保できていないと、文字列のコピーや、星や線のデータを代入するあたりで実行時エラーが発生してしまいます。

⊕ プラネタリウムの背景が表示される

　今回のプログラムによって、星座のデータは次のような形でメモリに記憶されます。グローバル変数として定義したg_seizaの中のポインタに、malloc関数で確保したメモリ領域がぶら下がっているイメージです。

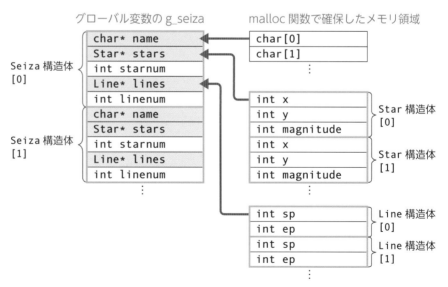

☆ 星座を表示する

メモリに記憶したデータを使って、星座を表示してみましょう。グラフィカルコンソールでは、gpoint関数で円を、gline関数で線を表示できます。これらを使って星と線を表示します。

＊gpoint関数の書き方

```
gpoint( x座標 ， y座標 ， 円の半径 );
```

＊gline関数の書き方

```
gline( 始点x ， 始点y ， 終点x ， 終点y );
```

先ほど定義だけを書いておいたDrawSeiza関数の中身を書きます。この関数は、表示する星座の添え字を引数seizaidとして受け取ります。グローバル変数g_seizaの指定された要素のデータを読み取り、順番に星や線を表示していきます。

main.cpp#DrawSeiza 関数

```
089   // 星座の表示
090   void DrawSeiza(int seizaid){
091       Seiza *sz = &g_seiza[seizaid];          ❶ポインタに代入
092       // 星座名の表示
093       gcolor(255, 255, 0);  // 黄色に設定
094       glocate(6, 1);                          ❷名前の表示
095       gprintf("%s", sz->name );
096       // 星の表示
097       for(int i=0; i < sz->starnum; i++){
098           gpoint( sz->stars[i].x, sz->stars[i].y,
099               sz->stars[i].magnitude * 2);
100       }
101       for(int i=0; i < sz->linenum; i++){     ❸星と線の表示
102           int sp = sz->lines[i].startpt;
103           int ep = sz->lines[i].endpt;
104           gline( sz->stars[sp].x, sz->stars[sp].y,
105               sz->stars[ep].x, sz->stars[ep].y );
106       }
107
108   }
```

⊙ 山羊座の星が表示された

❶ポインタに代入

表示する星座の要素のメモリアドレスをSeiza型ポインタszに代入しています。これは絶対に必要な処理ではありませんが、「g_seiza[seizaid].stars[i].x」と繰り返し書くと読みにくくなるため、短い名前のポインタを通して利用できるようにしています。

配列変数の先頭以外の要素のメモリアドレスを知りたいときは、先頭に「&（アンド、アンパサンド）」を付けます。変数名の前の「&」を**アドレス演算子**と呼びます。

❷名前の表示

メンバ変数nameに記録された星座名を表示します。構造体のポインタからメンバ変数を利用するときは、「.（ドット）」ではなく「->（マイナスと大なり）」を使います。->は**アロー演算子**と呼びます。

同じポインタでも添え字演算子の「[ ]」の後なら「.」でいいのに、直接メンバ変数を指定するときは->にしなければいけないのは不思議ですが、そういう決まりです。

＊**アロー演算子の使い方**

構造体のポインタ -> メンバ変数名

❸星と線の表示

星の数starnumと線の数linenumの数だけfor文でループし、それぞれの座標データを使って星座を表示します。線を記憶するLine構造体のメンバ変数startptとendptは、starsに記憶している星データの添え字です。ですから、「sz->stars[sz->lines[i].startpt].xとして座標データを取り出します。これだと長くてわかりにくくなるため、startptとendptはそれぞれローカル変数のsp、epに代入しています。

258

☆ ポインタを引数にする

現在のDrawSeiza関数は、グローバル変数のg_seizaの中にデータが記憶されていない
と使えません。しかし、もうひと工夫すればデータが他のグローバル変数やローカル変数
に記憶されていても使える、応用が利きやすいものに変更できます。

　ここではDrawSeiza関数の引数をSeiza型のポインタに変更しています。これなら
Seiza型のデータさえあれば、それがどんな形で記憶されていようとDrawSeiza関数で表
示できます。

```
main.cpp
                          ……前略……
023  Seiza g_seiza[SEIZAMAX];
024
025  // 関数プロトタイプ宣言
026  void DrawSeiza(Seiza*);
027
028  int main(){
                          ……中略……
076     gfront();
077
078     gimage("C:\\GConsole追加ファイル\\sampleimg\\chap7-1.png", 0, 0);
079     DrawSeiza( &g_seiza[0] );
080
081     // メモリ解放
082     for(int i=0; i<SEIZAMAX; i++){
083        free( g_seiza[i].name );
084        free( g_seiza[i].stars );
085        free( g_seiza[i].lines );
086     }
087  }
088
089  // 星座の表示
090  void DrawSeiza(Seiza *sz){
091     //Seiza *sz = &g_seiza[seizaid];
092     // 星座名の表示
093     gcolor(255, 255, 0); // 黄色に設定
094     glocate(6, 1);
095     gprintf("%s", sz->name );
                          ……後略……
```

ポインタの引数は、普通の引数と大きな違いがあります。普通の引数では関数を呼び出すときにデータがコピーされます（P.161参照）。ポインタの引数もコピーされますが、それでも**メモリアドレスの値は変わりません**。普通の引数は呼び出し元の変数と別のものですが、ポインタの引数は呼び出し元の変数を指すのです。

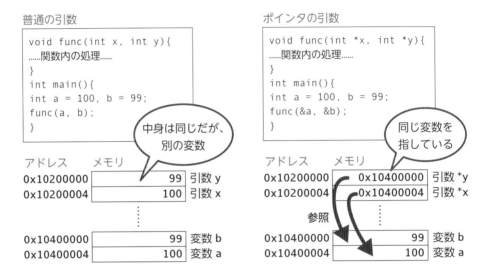

この特徴は次のようなメリットにつながります。

❶大きなデータをコピーせずに済む

　構造体などを関数の引数にすると、関数を呼び出すたびに構造体のデータが丸ごとコピーされます。メモリアドレスはつねに4バイト（32ビット版Windowsの場合）なので、そのメモリアドレスの先に巨大なデータがあったとしても**4バイトしかコピーされません**。

　これは画像データのような巨大なデータを扱うときに役立ちます。画像データはファイルの状態では小さくても、メモリに読み込むと1ピクセルあたり4バイト使用する巨大なデータになります。そのため、関数を呼び出すたびに画像データをコピーしていたら、それだけで時間がかかってしまいます。ポインタの引数を使って**画像データが記録されているメモリアドレスだけを受け渡す**ようにすれば、4バイトのコピーで済むようになります。

❷呼び出し元の変数を書き換えられる

　ポインタには呼び出し元の変数のメモリアドレスが記憶されているので、ポインタを通して**呼び出し元の変数の内容を書き換える**ことができます。scanf関数やsscanf関数でデータを受け取りたい変数の前に「&」を付けていたのは、その変数の内容を書き換えて欲しいからです。

ちょっと難しい話になったので、簡単なたとえ話をしてみましょう。たとえば、あなたがとても大きな荷物をかかえて、色々な場所を訪問しなければいけないとします。想像しただけでも大変です。しかし、荷物をある場所にあずけて代わりに番号札をもらい、**番号札だけを持って訪問すればいい**としたらかなり楽になりますよね。

荷物が「巨大なデータ」、番号が「メモリアドレス」、番号を書いた札が「ポインタ」、訪問先が「関数」というわけです。なんとなくイメージがつかめてきたでしょうか？

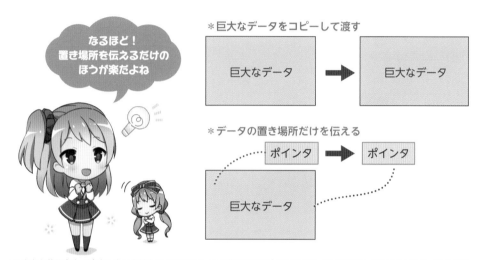

＊巨大なデータをコピーして渡す

＊データの置き場所だけを伝える

なるほど！
置き場所を伝えるだけの
ほうが楽だよね

🔼 大きな荷物（データ）をいちいち持ち運ぶ代わりに、その荷物の場所（メモリアドレス）を記録した番号札（ポインタ）を渡す

コラム ポインタ演算

ポインタは「+」「-」「++」「--」などの演算子を使って足したり引いたりすることもできます。ポインタに対する計算のことを**ポインタ演算**といいます。たとえば、int型ポインタを1増やすと、int型変数1個分の4バイト先のメモリアドレスに変更されます。1バイトではなくその**ポインタの型1つ分のバイト数で増減**することに注意してください。

```
int *p = malloc( sizeof(int) * 10 );
p++; // ポインタを 1 増やす
*p = 10;
```

これは添え字演算子を使って「p[1] = 10;」と書くのとまったく同じです。ポインタ演算はポインタの状態をつかみにくいため、本書では添え字演算子を使うことをおすすめします。

メモリとポインタについて もっとよく知ろう

ポインタの基本的な使い方、グローバル変数・ローカル変数・malloc 関数で確保したメモリ領域の違い、使うときの注意点などを説明します。ここが理解できれば、C 言語のほとんどをマスターしたのも同然です。

☆ 変数の実体はメモリアドレス

　今まで少しずつメモリアドレスやポインタの説明をしてきましたが、ここらで話をまとめて整理しましょう。プラネタリウム作りは一休みするので、新たにプロジェクト「chap7-2」を作成してソースコード「main.cpp」を追加してください（P.70 ～ 71 参照）。

⬆ プロジェクト「chap7-2」を作成して「main.cpp」を追加

　まず、基本のメモリのところまで話を戻します。コンピュータのメモリは、1 バイト (8 ビット) 分の情報を記憶できる回路が大量に並んだ構造になっています。そして、1 つ 1 つの回路には、「0 番地」から始まる 32 ビット整数の番号が振られています。それが**メモリアドレス**です。

　CPU が理解できるマシン語のプログラムでは、数値のメモリアドレスを直接指定してメモリにデータを読み書きします。しかしそれではわかりにくいため、C 言語ではわかりやすい名前を持った**変数**を使ってデータを記録します。しかし、コンパイルすると変数はメモリアドレスに置き換えられるので、実体はあくまでメモリアドレスです。

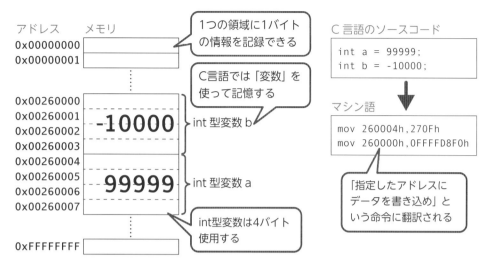

①
②
③
④
⑤
⑥
⑦

7-2

メモリとポインタについてもっとよく知ろう

　これを確認してみましょう。printf関数では「%p」という書式文字を使ってメモリアドレスを表示することができます。chap7-2のmain.cppに以下のソースコードを入力して、実行してみてください。

```
main.cpp

001  #include <stdio.h>
002  #include <stdlib.h>
003
004  int g_global1 = 9999;
005  int g_global2 = 9999;
006
007  int main(){
008     int local1 = 1000;
009     int local2 = 1000;
010     // グローバル変数のアドレス
011     printf("global1 = %p¥n", &g_global1);
012     printf("global2 = %p¥n", &g_global2);
013     // ローカル変数のアドレス
014     printf("local1  = %p¥n", &local1);
015     printf("local2  = %p¥n", &local2);
016     //malloc 関数で確保したメモリ領域のアドレス
017     printf("malloc1 = %p¥n", malloc( sizeof(int) ));
018     printf("malloc2 = %p¥n", malloc( sizeof(int) ));
019  }
```

```
C:¥Windows¥system32¥cmd.exe
global1 = 00A1A000
global2 = 00A1A004
local1  = 00B1F754
local2  = 00B1F748
malloc1 = 00F53330
malloc2 = 00F53360
続行するには何かキーを押してください . . .
```

○ メモリアドレスが表示された

ちゃんとどの変数にもメモリアドレスが割り当てられていますね。

16進数だとイメージがわからないという人は、「%p」を符号なし整数を表示する「%u」に変更して実行してみましょう。10進数でメモリアドレスが表示されます。ちなみにWindowsではセキュリティのために割り当てるメモリアドレスをランダムに変更するため、実行するたびに表示される数値が変わります。

```
C:¥Windows¥system32¥cmd.exe
global1 = 00A1A000
global2 = 00A1A004
local1  = 00B5FC90
local2  = 00B5FC84
malloc1 = 00BB3330
malloc2 = 00BB3360
続行するには何かキーを押してください . . .
```

○ 10進数で表示

☆ 逆アセンブル表示を見てみよう

ついでに**コンパイル後のマシン語**も見てみましょう。ソースコードにブレークポイントを設定してデバッグを開始すると、ブレークポイントが設定された行でプログラムが一時停止します。その状態で〈逆アセンブル〉タブをクリックすると、コンパイル後のマシン語を見ることができます。タブが表示されていない場合は、**一時停止中に〈デバッグ〉メニューから〈ウィンドウ〉→〈逆アセンブリ〉を選択**してください。

ソースコードの左側をクリックしてブレークポイントを設定

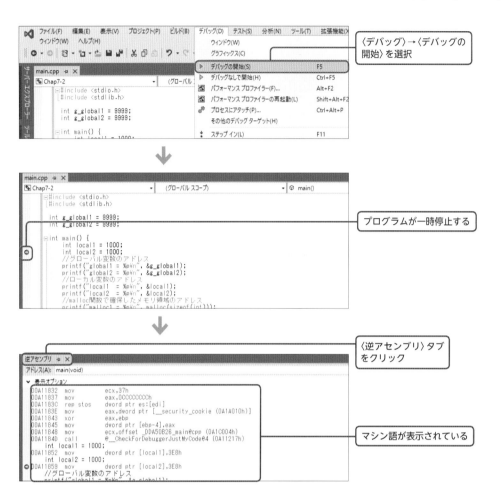

〈デバッグ〉→〈デバッグの開始〉を選択

プログラムが一時停止する

〈逆アセンブリ〉タブをクリック

マシン語が表示されている

マシン語をそのまま表示するとただの数値の並びになってしまうので、**アセンブリ言語**というマシン語をわかりやすく置き換えたものが表示されています。「mov」というのが、データをコピーする命令です。メモリアドレスの代わりに「dword ptr [変数名](ここは変数××のメモリアドレスだよという意味)」と表示されています。

確認が終わったら、ツールバーの〈デバッグの停止〉ボタン■をクリックしてプログラムを終了してください。

アセンブリ言語を知らないと正確な意味は理解できないと思いますが、C言語のソースコードがマシン語の命令に翻訳される様子が何となくイメージできたでしょうか? C言語はマシン語にもっとも近い高級言語と呼ばれているので、たまに逆アセンブル表示してみると色々勉強になりますよ。

☆ 変数の種類によって違うメモリの使い方

さっき表示したメモリアドレスを見ていて、グローバル変数とローカル変数、malloc関数で割り当てた領域でメモリアドレスが大きく離れていることに気づいたでしょうか？この3種類では、割り当てられるメモリアドレスも、割り当て方も大きく違うのです。

まず割り当てられるメモリアドレスについて説明します。実行中のプログラムは8テラバイトのメモリ空間を使ってよいことになっており、それがいくつかの領域に分けられています。

- ローカル変数 (関数の引数も含む) はスタック領域 (Stack Area)、
- グローバル変数は静的領域 (Static Area)、
- malloc関数はヒープ領域 (Heap Area)、

からメモリを割り当てられます。

ちなみにプログラム自体はコード領域 (Code Area) に読み込まれます。また、文字列リテラルは静的領域に記憶されます。

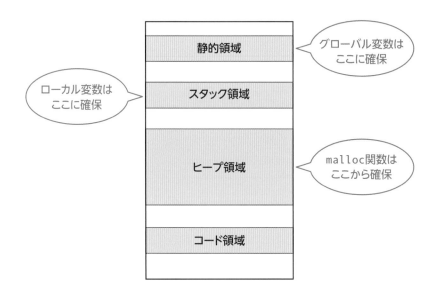

割り当て方法は、グローバル変数の場合は単純です。**プログラムが起動したときに割り当てられ、終了したときに消滅**します。プログラムの実行中は変化しないので、「静的」と呼ぶのです。

　ローカル変数はソースコード中で定義したときに出現し、ブロックから出たときに消滅します（P.154参照）。しかし、実際にコンパイルされたプログラムでは、**関数のブロック単位でメモリ領域を確保・解放**するのが一般的です。あまり細かくメモリ領域を割り当てたり解放したりすると、処理が重くなるからでしょう。しかし関数単位でも、グローバル変数に比べれば確保・解放の回数はかなり多くなります。それをすばやく確実に行うために、面白いしくみが使われています。

　CPUの中には**ESP**というメモリアドレスを記憶できる小さな記憶回路があります。ある関数Aが呼び出され、関数Aがローカル変数のために96バイト必要な場合は、ESPを96バイト分上（0番地方向）にずらします。そこから別の関数Bが呼び出され、関数Bが32バイト要求したらさらに32バイト分上にずらします。

　そして、関数Bの処理が終わって呼び出し元に戻るときは、ESPを32バイト分下（0xFFFFFFFF方向）にずらします。呼び出し元の関数Aの処理が終わったら、96バイト分下にずらします。

　つまり、**関数の呼び出し・脱出に合わせてESPに記憶したメモリアドレスをずらす**という単純なしくみで、メモリ領域の確保・解放が行えてしまうのです。

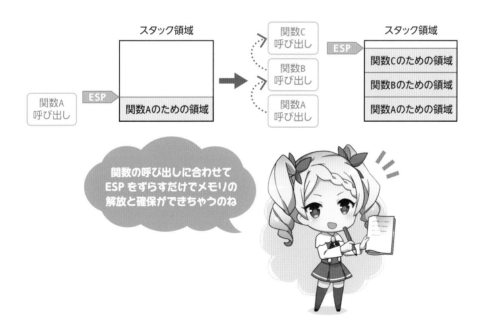

関数の呼び出しに合わせてESPをずらすだけでメモリの解放と確保ができちゃうのね

☆ malloc 関数は OS からメモリを借りる

　ローカル変数はとても賢いしくみなのですが万能ではありません。容量が少ないというのも弱点のひとつですが、もっと大きい理由は**複数の関数から利用するのに向いていない**という点です。関数を脱出する際に消滅してしまうため、下手にローカル変数のアドレスをポインタに記憶しておくと、いざ使おうとしたときに肝心のローカル変数が消えてしまっていることがあります。他の関数のローカル関数を確実に利用できるのは、呼び出された関数が**呼び出し元のローカル変数を利用**する場合だけです。

　大量のメモリを長く使いたいときは、malloc 関数 (P.251 参照) を使ってメモリを確保するのが一番です。malloc 関数はプログラムの実行中にメモリを確保するため、静的領域から確保する方式と区別して、**動的確保**ともいいます。

　3つの中ではmalloc 関数の動的確保が、一番複雑なしくみを使っています。

　メモリは基本的にOS (Windows) が管理して、プログラムに貸し出しています。グローバル変数やローカル変数が使うメモリ領域も、プログラムが起動したときにOS から借りてきたものです。malloc 関数は、プログラムが最初に借りた分とは別に、**新たにメモリ領域を借りに行きます**。「OSさん、私はこれこれこういうプログラムの使いです。メモリを○○バイト貸してください」といった具合です。

　OSはどのプログラムにいくら貸したかをちゃんと覚えているので、プログラムが終了したら必ず回収します。しかし、終了する前に取り上げることはありません。ですから、使い終わったメモリはfree関数で解放してOS に返すようにします。みんなが借りっぱなしにしていると、いずれメモリの空きがなくなってしまい、パソコンそのものが動けなくなってしまうからです。

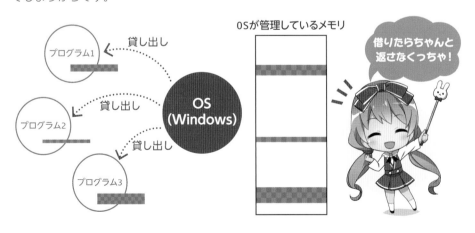

「複雑なしくみ」と書いたわりには、意外と単純な話でしたね。OSがメモリを管理するしくみは複雑ですが、要は**「借りて返す」**というだけのことなのです。しかし、プログラマが意識して借りなければいけないので、借りたつもりでまだ借りていないメモリ領域を使ってしまったり、返し忘れて大量のメモリを借りっぱなしにしてしまったりするような、うっかりミスに注意しなければいけません。

☆ ポインタにはいろいろな使い道がある

ポインタはメモリアドレスを記憶できる特別な変数です。その使い道はひとつやふたつではありません。これまで本書で取り上げたものだけでも……

- 文字列リテラルのメモリアドレスを記憶する (P.207 参照)
- malloc関数と組み合わせて、サイズ変更できる配列として使う (P.251 参照)
- ソースコードの記述を短くするために使う (P.257 参照)
- 関数の引数にして、データのコピーを避ける (P.259 参照)
- 関数の引数にして、呼び出し元の変数を書き換える

ポインタはハサミみたいなもので、使い方次第でいろんなことができるのです。それを使いこなすには、その特徴をきちんと頭に入れておかなくてはいけません。ポインタを使うルールを改めて説明しましょう。

ポインタを定義するには、名前の前に**ポインタ演算子**の「*（アスタリスク）」を付けます。複数のポインタをまとめて定義するときは、それぞれの名前の前に「*」を付けます。

＊ポインタの定義

```
型名 ＊ ポインタ名 ;
型名 ＊ ポインタ名 ， ＊ ポインタ名 ;
```

同じ型の変数のメモリアドレスでなければ、ポインタには代入できません。型が違っていてもメモリアドレスに違いがあるわけではありません。しかし記憶されているデータは、int型であれば4バイト、Star型であればx、y、magnitudeの3つのメンバ変数を持つ……といった具合に異なるわけです。ポインタに型があれば別の種類のデータを代入してしまうことを避けられますし、そのデータをどう使えばいいのかがはっきりします。

変数などのメモリアドレスは次の方法で調べられます。

- 1つの変数や配列変数の1要素の場合はアドレス演算子の「&（アンド）」を付ける
- 配列変数の先頭は、添え字なしの配列変数名
- 2次元配列変数で2次元目の添え字を省略
- 文字列リテラルはそのままメモリアドレスを表す

```
int i, arr[10];
int *p1 = &i;              //1つの変数のアドレス
int *p2 = &arr[5];         // 配列変数の1要素のアドレス
int *p3 = arr;             // 配列変数の先頭要素のアドレス

const char *pc = "Say Hello";  // 文字列リテラル
```

ポインタから指し示す先のメモリアドレスの内容を利用する方法は次のとおりです。

- 1つの変数の場合は逆参照演算子（間接演算子とも呼ぶ）の「*」を付ける
- 1つの構造体変数の場合は、アロー演算子「->」でメンバ変数を利用する
- 添え字演算子「[ ]」を付けると、配列変数のように利用できる

```
*p1 = 10;     //p1 に記憶されている int 型変数 i に 10 が代入される

Star st;
Star *pst = &st;
pst->x = 100;  //Star 型変数 st のメンバ変数 x に 100 が代入される

p3[5] = 99;     //int 型配列変数 arr の6番目の要素に 99 が代入される
```

ポインタの解説では、逆参照演算子（Dereference Operator）の「*（アスタリスク）」の説明から始めることが多いのですが、本書ではあえて文字列リテラルの記憶や、配列変数として使う方法、引数に使う方法などを先に説明しました。なぜなら、逆参照演算子とポインタ演算子が同じ「*」という記号を使っていて紛らわしい上に、実用的なサンプルを見せにくいからです。

どんなことでも、何の役に立つのかがわかれば楽に覚えられます。「ポインタとはいかなるものか」という理屈から入って、「変数iのメモリアドレスをポインタpiに記憶して……」といわれても機械的に暗記するしかありません。それよりも、「どんなときに使えてどう便利なのか」から入ったほうが速く理解できるのです。

星座の線を編集する

星を線でつないで星座を完成させましょう。ファイルには星座の線のデータは含まれていないので、プログラム上で線のデータを編集し、それをファイルに保存できるようにします。

☆ 星座の線のデータを作るには

zodiac.txtには星と星をつなぐ線のデータが入っていません。しかし、zodiac.txtの星の座標を見ながら線のデータを入力するのは、かなり難しいことです。画面上に表示される星を見ながら、線を編集するエディタ機能をプラネタリウムに加えましょう。

chap7-1プロジェクトを閉じている人は、再び開いてください。

星座の編集にマウスが使えると楽なのですが、コマンドプロンプトをモデルにして作ったグラフィカルコンソールではキーボード入力しかできません。キーボードから記号や数値を入力して操作する形にします。

コマンドの流れは次のようにします。

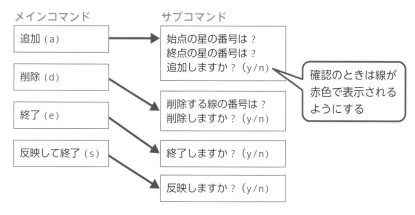

編集機能をまとめたEditSieza（エディットセイザ）関数を追加し、編集画面を表示するところまでを作ってしまいましょう。

⑦

プラネタリウムを作ろう ～データ構造とメモリ管理～

```
main.cpp

001 #include <GConsoleLib.h>
002 #include <stdio.h>
003 #include <string.h>
004 #include <stdlib.h>
005
006 #define SEIZAMAX 12
007 // 星座データ
008 struct Star{
009     int x, y;    // 座標
010     int magnitude;// 等級
011 };
012 struct Line{
013     int startpt, endpt;
014 };
015 struct Seiza{
016     char *name;    // 星座名
017     Star *stars;   // 星の配列
018     int starnum;   // 星の数
019     Line *lines;   // 線の配列
020     int linenum;   // 線の数
021 };
022 #define SEIZAMAX 12
023 Seiza g_seiza[SEIZAMAX];
024
025 // 関数プロトタイプ宣言
026 void DrawSeiza(Seiza*);
027 void EditSeiza(Seiza*);
028
029 int main(){
                    ……中略……
077     gfront();
078
079     gimage("C:\\GConsole追加ファイル\\sampleimg\\chap7-1.png", 0, 0);
080     //DrawSeiza( &g_seiza[0] );
081     EditSeiza( &g_seiza[0] );
082
083     // メモリ解放
084     for(int i=0; i<SEIZAMAX; i++){
085         free( g_seiza[i].name );
086         free( g_seiza[i].stars );
087         free( g_seiza[i].lines );
088     }
```

```
089  }
090
091  // 星座の表示
092  void DrawSeiza(Seiza *sz){
093      //Seiza *sz = &g_seiza[seizaid];
094      // 星座名の表示
095      gcolor(255, 255, 0);  // 黄色に設定
096      glocate(6, 1);
097      gprintf("%s", sz->name );
098      // 星の表示
099      for(int i=0; i < sz->starnum; i++){
100          gpoint( sz->stars[i].x, sz->stars[i].y,
101              sz->stars[i].magnitude * 2);
102      }
103      for(int i=0; i < sz->linenum; i++){
104          int sp = sz->lines[i].startpt;
105          int ep = sz->lines[i].endpt;
106          gline( sz->stars[sp].x, sz->stars[sp].y,
107              sz->stars[ep].x, sz->stars[ep].y );
108      }
109
110  }
111
112  // 編集用の星表示
113  void DrawStarsForEdit(Seiza *sz){
114      // 星番号を表示
115      glocate(0,0);
116      gcolor(0,0,0);
117      for(int i=0; i<20; i++){
118          gprintf("%2d ", i);
119      }
120      // 星を色分けして表示
121      int rcol = 64, gcol = 64, bcol = 64;
122      for(int i=0; i < sz->starnum; i++){
123          gcolor(rcol & 0xFF, gcol & 0xFF, bcol & 0xFF);
124          gpoint( sz->stars[i].x, sz->stars[i].y,
125              4);
126          gpoint( i * 30 + 16, 20, 4);
127          rcol += 32;
128          if(rcol > 255) gcol += 32;
129          if(gcol > 255) bcol += 32;
130      }
131  }
132
```

❶星の色分け表示

7-3

星座の線を編集する

```
133   // 星座データの編集
134   void EditSeiza(Seiza *sz){
135       // コマンド入力
136       char com = '¥0';
137       while(com != 'e'){
138           // 星の表示
139           gcls();
140           DrawStarsForEdit(sz);
141           glocate(0,15);
142           gcolor(0,0,0);
143           gprintf("線追加 (a)，線削除 (d)，終了 (e)，反映して終了 (s)");
144           com = ggetchar();
145           switch(com){
146             case 'a':
147                 break;
148             case 'd':
149                 break;
150             case 's':
151                 break;
152           }
153       }
154   }
```

❷編集コマンドの表示

線追加 (a)，線削除 (d)，終了 (e)，反映して終了(s)▮

⊙ 編集画面が表示される

❶星の色分け表示

DrawStarsForEdit関数は、編集画面に合わせて星を表示します。編集画面では星の番号を入力する必要がありますが、どの星が何番なのかは通常の表示ではわかりません。そこで星を違う色で塗り分けるとともに、画面の上側に番号を表示しています。

星を塗り分けるために、rcol、gcol、bcolの3つの変数を用意し、rcolに毎回32を足し、それが最大値の255を超えたらgcolにも32を足し、gcolも32を超えたらbcolに32を足しています。これで星ごとに違う色を設定できます。

274

❷編集コマンドの表示

EditSeiza関数では、ggetchar関数でキーボードからの入力を1文字読み取り、switch文で分岐して各コマンドの処理を行います。今まで何度もやってきた方式の応用なので、難しい点は特にないはずです。

☆ 線の追加コマンドを作ろう

線がなければ削除コマンドも反映コマンドも作れないので、まずは線の追加コマンドから作りましょう。線を追加するには追加したデータを記憶しておくためのメモリ領域が必要です。EditSeiza関数の先頭でmalloc関数を使って確保するようにします。

また、すでに星座データに線のデータが含まれている場合もあるので、引数szのlinenumの値が0以上であれば、linesをコピーするようにします。データのコピーにはmemcpy_s関数 (P.214参照) を使います。

main.cpp

```
                       ……前略……
133   // 編集用の線表示
134   void DrawLineForEdit(Star *stars, Line *lines, int linenum){
135      gcolor(128, 128, 0);
136      for(int i=0; i<linenum; i++){
137         int sp = lines[i].startpt;
138         int ep = lines[i].endpt;
139         gline( stars[sp].x, stars[sp].y,
140               stars[ep].x, stars[ep].y );
141      }
142   }
143
144   // 星座データの編集
145   void EditSeiza(Seiza *sz){
146      // 編集用メモリ領域
147      Line *editlines = (Line *)malloc( sizeof(Line) * 40 );
148      int editlinenum = 0;
149      // 既存のデータがあればコピー
150      if(sz->linenum > 0){
151         memcpy_s(editlines, sizeof(Line) * 40,
152            sz->lines, sizeof(Line) * sz->linenum );
153         editlinenum = sz->linenum;
154      }
```

❶編集用メモリ領域の確保

7-3
星座の線を編集する

```
155    // コマンド入力
156    char com = '¥0';
157    while(com != 'e'){
158        // 星の表示
159        gcls();
160        DrawLineForEdit( sz->stars, editlines, editlinenum );
161        DrawStarsForEdit(sz);
162        glocate(0,15);
163        gcolor(0,0,0);
164        gprintf(" 線追加 (a)，線削除 (d)，終了 (e)，反映して終了 (s)");
165        com = ggetchar();
166        switch(com){
167          case 'a':
168              break;
169          case 'd':
170              break;
171          case 's':
172              break;
173        }
174    }
175    // メモリ解放
176    free(editlines);
177 }
```

❷線の表示

❶編集用メモリ領域の確保

malloc関数で編集用メモリ領域を確保して、Line型ポインタ editlines に代入します。確保するサイズは少し多めに線40本分としておきましょう。実際に使用している線の数を記憶するために int型変数 editlinenum も定義しておきます。最初は1本も登録されていないので初期値は0です。

星座データがすでに線のデータを持っている場合は、memcpy_s関数でそれをコピーし、editlinenum に sz->linenum を代入しておきます。

❷線の表示

新たに追加した DrawLineForEdit 関数を呼び出し、編集画面用に線を表示します。DrawLineForEdit 関数は、星座データ、編集中の線データ、編集中の線の数を引数として受け取ります。引数が違うだけで、関数の中の処理は DrawSeiza 関数 (P.257参照) で書いたものとほとんど同じです。

追加コマンドの処理を EditSeiza 関数に追加します。

main.cpp#EditSeiza 関数

```cpp
144   // 星座データの編集
145   void EditSeiza(Seiza *sz){
146     // 編集用メモリ領域
147     Line *editlines = (Line *)malloc( sizeof(Line) * 40 );
148     int editlinenum = 0;
149     // 既存のデータがあればコピー
150     if(sz->linenum > 0){
151       memcpy_s(editlines, sizeof(Line) * 40,
152         sz->lines, sizeof(Line) * sz->linenum );
153       editlinenum = sz->linenum;
154     }
155     // コマンド入力
156     char com = '\0';
157     while(com != 'e'){
158       // 星の表示
159       gcls();
159       DrawLineForEdit( sz->stars, editlines, editlinenum );
160       DrawStarsForEdit(sz);
161       glocate(0,15);
162       gcolor(0,0,0);
163       gprintf(" 線追加 (a)，線削除 (d)，終了 (e)，反映して終了 (s)");
164       com = ggetchar();
165       char buf[64];
166       int sp=0, ep=0;
167       switch(com){
168         case 'a':
169           // 線の追加コマンド
170           gprintf("\n 始点の星番号 (0-%d) ? ", sz->starnum - 1);
171           ggets(buf, 64);
172           sp = atoi(buf);
173           gprintf("\n 終点の星番号 (0-%d) ? ", sz->starnum - 1);
174           ggets(buf, 64);
175           ep = atoi(buf);
176           // 確認
177           if( sp < 0 || sp >= sz->starnum ||
178               ep < 0 || ep >= sz->starnum ) break;
179           gcolor(255,0,0);
180           gline( sz->stars[sp].x, sz->stars[sp].y,
181               sz->stars[ep].x, sz->stars[ep].y );
182           gprintf("\n 追加しますか (y/n) ? ");
183           com = ggetchar();
184           if(com == 'y'){
```

❶星番号の入力

❷結果の確認と
線の追加

```
185                if(editlinenum < 40){
186                    editlines[editlinenum].startpt = sp;
187                    editlines[editlinenum].endpt = ep;
188                    editlinenum++;
189                }
190            }
191        break;
192        case 'd':
193            break;
194        case 's':
195            break;
196        }
197    }
198    // メモリ解放
199    free(editlines);
200 }
```

⊕「a」を押して追加コマンドを開始し、色を目安に星番号を入力。思ったとおりに線が引かれていれば「y」を押す

❶星番号の入力

　　switch文のcase 'a'の後に追加コマンドの処理を書きます。**switch文の中で使用するローカル変数は先に定義しておきます。**switch文のブロック内では状況によって実行される行が変わるため、思い通りに定義や初期化されないことがあるからです。

　　gprintf文で「始点の星番号」と表示し、ggets文でキーボード入力を受け取ります。atoi関数（P.60参照）で整数に変換し、それを変数spに記憶します。同様に終点の星番号を変数epに記憶します。

❷結果の確認と線の追加

　　まず、入力されたsp、epが0〜星の数（sz->starnum-1）の範囲に入っているかチェックし、入っていなければbreak文で脱出して追加コマンドを終了します。

範囲に入っていれば、gcolor関数とgline関数で指定された星をつなぐ赤い線を引き、「追加しますか？」という確認メッセージを表示します。「y」が入力されたら、editlinesにsp、epを追加し、editlinenumを1増やします。

☆ 線の削除コマンドを作ろう

続いて削除コマンドを作ります。配列変数から途中のデータを削除する場合、それより後のデータをひとつ上にずらす処理が必要です。

main.cpp#EditSeiza 関数

```
144   // 星座データの編集
145   void EditSeiza(Seiza *sz){
146     // 編集用メモリ領域
147     Line *editlines = (Line *)malloc( sizeof(Line) * 40 );
148     int editlinenum = 0;
149     // 既存のデータがあればコピー
150     if(sz->linenum > 0){
151       memcpy_s(editlines, sizeof(Line) * 40,
152         sz->lines, sizeof(Line) * sz->linenum );
153       editlinenum = sz->linenum;
154     }
155     // コマンド入力
156     char com = '\0';
157     while(com != 'e'){
158       // 星の表示
159       gcls();
159       DrawLineForEdit( sz->stars, editlines, editlinenum );
160       DrawStarsForEdit(sz);
161       glocate(0,15);
162       gcolor(0,0,0);
163       gprintf(" 線追加 (a)，線削除 (d)，終了 (e)，反映して終了 (s)");
164       com = ggetchar();
165       char buf[64];
166       int sp=0, ep=0, dl=0;
167       switch(com){
168         case 'a':
169           // 線の追加コマンド
170           gprintf("\n 始点の星番号 (0-%d) ? ", sz->starnum - 1);
171           ggets(buf, 64);
172           sp = atoi(buf);
```

```
173        gprintf("¥n 終点の星番号 (0-%d) ? ", sz->starnum - 1);
174        ggets(buf, 64);
175        ep = atoi(buf);
176        // 確認
177        if( sp < 0 || sp >= sz->starnum ||
178          ep < 0 || ep >= sz->starnum ) break;
179        gcolor(255,0,0);
180        gline( sz->stars[sp].x, sz->stars[sp].y,
181            sz->stars[ep].x, sz->stars[ep].y );
182        gprintf("¥n 追加しますか (y/n) ? ");
183        com = ggetchar();
184        if(com == 'y'){
185          if(editlinenum < 40){
186            editlines[editlinenum].startpt = sp;
187            editlines[editlinenum].endpt = ep;
188            editlinenum++;
189          }
190        }
191        break;
192      case 'd':
193        // 線の削除コマンド
194        gprintf("¥n 削除する線番号 (0-%d) ? ", editlinenum - 1);
195        ggets(buf, 64);
196        dl = atoi(buf);
197        // 確認
198        if( dl < 0 || dl >= editlinenum ) break;
199        sp = editlines[dl].startpt;
200        ep = editlines[dl].endpt;
201        gcolor(255,0,0);
202        gline( sz->stars[sp].x, sz->stars[sp].y,
203            sz->stars[ep].x, sz->stars[ep].y );
204        gprintf("¥n 削除しますか (y/n) ? ");
205        com = ggetchar();
206        if(com == 'y'){
207          // 最後の要素でなければ詰める
208          if(dl < editlinenum - 1){
209            for(int j=dl; j < editlinenum-1; j++){
210              editlines[j] = editlines[j+1];
211            }
212          }
213          editlinenum--;
214        }
215        break;
216      case 's':
```

❶線番号の入力

❷線の確認

❸線の削除

```
217
218            break;
219        }
220    }
221    // メモリ解放
222    free(editlines);
223 }
```

グラフィカルコンソール

```
0 1 2 3 4 5 6 7 8 9 10 11 12 13 14 15 16 17 18 19
```

```
線追加 (a) ，線削除 (d) ，終了 (e) ，反映して終了(s)a
始点の星番号 (0-12) ？1
終点の星番号 (0-12) ？7
追加しますか (y/n) ？y
```

⟵ 線を何本か追加

7-3

星座の線を編集する

グラフィカルコンソール

```
0 1 2 3 4 5 6 7 8 9 10 11 12 13 14 15 16 17 18 19
```

```
線追加 (a) ，線削除 (d) ，終了 (e) ，反映して終了(s)d
削除する線番号 (0-3) ？3
削除しますか (y/n) ？y
```

⟵「d」を押して削除コマンドを開始し、削除する
線番号を入力。最後に「y」を押すと……

グラフィカルコンソール

```
0 1 2 3 4 5 6 7 8 9 10 11 12 13 14 15 16 17 18 19
```

```
線追加 (a) ，線削除 (d) ，終了 (e) ，反映して終了(s)█
```

⟵ その線が削除される

❶線番号の入力

　線番号を入力させ、それを atoi 関数で整数にして**変数 dl** に記憶します。

❷線の確認

　dl が 0 〜線の数 (linenum-1) の範囲に入っているかチェックし、入っていなければ break 文で脱出して削除コマンドを終了します。gcolor 関数と gline 関数で指定された星をつなぐ赤い線を引き、「削除しますか？」という確認メッセージを表示します。

❸線の削除

　editlines の最後のデータを削除する場合は、editlinenum を 1 減らすだけで済みますが、editlines の途中のデータを削除する場合はそれ以降のデータを繰り上げなければいけません。たとえば、添え字 2 のデータを削除するなら、添え字 3 以降を 1 つ前にずらさなければいけないのです。そこで、for 文で 1 つ後のデータを代入する処理を行います。

☆ 編集したデータを反映＆保存する

　編集が終わったら、線のデータをグローバル変数の g_seiza に反映し、さらにテキストファイルに保存しなければいけません。

　g_seiza に反映させるには、線のデータを保存するメモリ領域を取得し、そこに editlines のデータをコピーします。保存処理は長くなるので別の関数に分けます。

　ファイルの保存を行う SaveToTextFile 関数を書きます。この関数は EditSeiza 関数から呼び出すので、それより前に定義してください。

main.cpp#SaveToTextFile 関数

```
112  // ファイルの保存
113  void SaveToTextFile(){
114    FILE *fp;
115    if( fopen_s(&fp, "zodiac.txt", "w") != 0 ) {
116      printf("ファイル書き込みエラー¥n");
117      return;
118    }
119    for(int i=0; i<SEIZAMAX; i++){
120      // 名前の書き出し
121      fprintf( fp, "%s¥n", g_seiza[i].name );
122      // 星の数
123      fprintf( fp, "%d¥n", g_seiza[i].starnum );
```

```
124        // 星データ書き出し
125        for(int j=0; j<g_seiza[i].starnum; j++){
126          fprintf( fp, "%d, %d, %d¥n",
127            g_seiza[i].stars[j].x,
128            g_seiza[i].stars[j].y,
129            g_seiza[i].stars[j].magnitude );
130        }
131        // 線の数
132        fprintf( fp, "%d¥n", g_seiza[i].linenum );
133        // 線データ書き出し
134        for(int j=0; j<g_seiza[i].linenum; j++){
135          fprintf( fp, "%d, %d¥n",
136            g_seiza[i].lines[j].startpt,
137            g_seiza[i].lines[j].endpt );
138        }
139    }
140    fclose(fp);
141 }
```

　基本的にはファイルの読み込みの逆の処理を行えば、ファイルを保存できます。fopen_s
関数でファイルを開くときに「w」モードを指定し、fprintf関数でデータを書き出していき
ます。fprintf関数の使い方は、最初にFILE型ポインタを指定することを除けば、printf関
数やsprintf関数とまったく同じです。for文を使って星データや線データを1つずつ書き
出します。

　続いて反映＆保存処理をEditSeiza関数に追加します。

main.cpp#EditSeiza関数

```
175  // 星座データの編集
176  void EditSeiza(Seiza *sz){
                          ……中略……
247        case 's':
248          // 反映＆保存
249          gprintf("¥n反映して編集を終了しますか（y/n）？ ");
250          com = ggetchar();
251          if(com == 'y'){
252            //g_seizaにデータを反映
253            free(sz->lines);    // 古いメモリを解放
254            sz->linenum = editlinenum;
255            sz->lines = (Line *)malloc( sizeof(Line) * editlinenum );
```

```
256          memcpy_s( sz->lines, sizeof(Line) * editlinenum,
257              editlines, sizeof(Line) * editlinenum);
258          // ファイルの保存
259          SaveToTextFile();
260          com = 'e';
261        }
262        break;
263      }
264    }
265    // メモリ解放
266    free(editlines);
267 }
```

　確認メッセージを表示した後、「y」が押されたらまず古いデータが記憶されているメモリ領域を開放します。その後、新たなメモリ領域を割り当て、editlinesからsz->linesへmemcpy_s関数でデータをコピーします。

　ファイルを保存する関数を呼び出した後、変数comに「e」の文字コードを代入しておきます。while文の繰り返し条件が「e以外」なので、この後はwhile文のループが終了し、EditSeiza関数から脱出します。

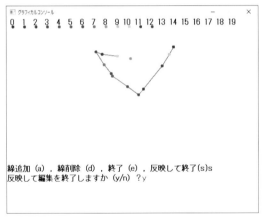

⊖「s」を入力すると「反映して終了」コマンドに入るので「y」を押す

　保存されたファイルを開いて確認してみましょう。ちゃんと線の情報が追加されているでしょうか？

```
zodiac.txt
001  山羊座
002  13
003  430, 70, 3
004  353, 174, 1
005  401, 117, 1
006  340, 188, 1
007  311, 168, 1
008  272, 142, 1
009  269, 136, 1
010  251, 114, 1
011  319, 99, 1
012  419, 89, 1
013  285, 93, 1
014  246, 88, 1
015  230, 82, 1
016  11
017  0, 9
018  9, 2
019  2, 1
020  1, 3
021  3, 4
022  4, 5
023  5, 6
024  6, 7
025  7, 12
026  12, 11
027  11, 10
028  水瓶座
029           ……後略……
```

☆ プラネタリウムを完成させる

　これでプラネタリウムはほぼできあがりました。最後に星座の種類を選んだり、編集モードに切り替えたりする処理を加えましょう。

　ggets関数で入力された文字列を読み取り、それが数値なら星座番号を記憶する変数curseizaの内容を変更します。「e」ならEditSeiza関数を呼び出して編集を行い、「x」ならプログラムを終了します。

```
main.cpp
001  #include <GConsoleLib.h>
002  #include <stdio.h>
003  #include <string.h>
004  #include <stdlib.h>
005
006  #define SEIZAMAX 12
007  // 星座データ
008  struct Star{
009      int x, y;      // 座標
010      int magnitude; // 等級
011  };
012  struct Line{
013      int startpt, endpt;
014  };
015  struct Seiza{
016      char *name;    // 星座名
017      Star *stars;   // 星の配列
018      int starnum;   // 星の数
019      Line *lines;   // 線の配列
020      int linenum;   // 線の数
021  };
022  #define SEIZAMAX 12
023  Seiza g_seiza[SEIZAMAX];
024
025  // 関数プロトタイプ宣言
026  void DrawSeiza(Seiza*);
027  void EditSeiza(Seiza*);
028
029  int main(){
030      // ファイル読み込み
031      FILE *fp;
032      if( fopen_s(&fp, "zodiac.txt", "r") != 0 ) {
033          printf(" ファイル読み込みエラー ¥n");
034          return -1;
035      }
036      char rbuf[256];
037      for(int i=0; i<SEIZAMAX; i++){
038          if(fgets( rbuf, 256, fp ) == NULL) break;
039          // 最初は星座名
040          int len = strlen(rbuf);
041          g_seiza[i].name = (char *)malloc( sizeof(char) * len );
042          strncpy_s(g_seiza[i].name, len, rbuf, len-1);
```

```
043      g_seiza[i].name[len-1] = '\0';// 改行削除
044      // 星の数
045      if(fgets( rbuf, 256, fp ) == NULL) break;
046      sscanf_s(rbuf, "%d", &g_seiza[i].starnum);
047      // メモリ確保
048      g_seiza[i].stars =
049        (Star *)malloc( sizeof(Star) * g_seiza[i].starnum);
050      // 星データ読み込み
051      for(int j=0; j<g_seiza[i].starnum; j++){
052        if(fgets( rbuf, 256, fp ) == NULL) break;
053        int x, y, m;
054        sscanf_s(rbuf, "%d, %d, %d", &x, &y, &m);
055        g_seiza[i].stars[j].x = x;
056        g_seiza[i].stars[j].y = y;
057        g_seiza[i].stars[j].magnitude = m;
058      }
059      // 線の数
060      if(fgets( rbuf, 256, fp ) == NULL) break;
061      sscanf_s(rbuf, "%d", &g_seiza[i].linenum);
062      // メモリ確保
063      g_seiza[i].lines =
064        (Line *)malloc( sizeof(Line) * g_seiza[i].starnum);
065      // 線データ読み込み
066      for(int j=0; j<g_seiza[i].linenum; j++){
067        if(fgets( rbuf, 256, fp ) == NULL) break;
068        int sp, ep;
069        sscanf_s(rbuf, "%d, %d", &sp, &ep);
070        g_seiza[i].lines[j].startpt = sp;
071        g_seiza[i].lines[j].endpt = ep;
072      }
073    }
074    fclose(fp);
075
076    gcls();
077    gfront();
078
079    int curseiza = 0;   // 表示・編集する星座
080    char buf[64];
081    while(1){
082      gcls();
083      gimage("C:\\GConsole追加ファイル\\sampleimg\\chap7-1.png", 0, 0);
084      DrawSeiza( &g_seiza[curseiza] );
085      gcolor(0,0,0);
086      glocate(0, 17);
```

```
087        gprintf(" 星座番号 (0-%d) または編集 (e)、終了 (x)", SEIZAMAX-1 );
088        ggets(buf, 64);
089        char com = buf[0]; // 先頭文字取り出し
090        switch(com){
091          case 'e':
092              // 編集
093              EditSeiza( &g_seiza[curseiza] );
094              break;
095          case 'x':
096              // 終了
097              goto PROGRAMQUIT;
098              break;
099          default:
100              // 表示星座の切り替え
101              int num = atoi(buf);
102              if( num >=0 && num < SEIZAMAX ){
103                  curseiza = num;
104              }
105        }
106    }
107 PROGRAMQUIT:
108    // メモリ解放
109    for(int i=0; i<SEIZAMAX; i++){
110      free( g_seiza[i].name );
111      free( g_seiza[i].stars );
112      free( g_seiza[i].lines );
113    }
114 }
115                          ……後略……
```

🔼 番号を入力すると表示する星座が切り替わる

```
グラフィカルコンソール                          ―    ×
0  1  2  3  4  5  6  7  8  9 10 11 12 13 14 15 16 17 18 19




線追加 (a) , 線削除 (d) , 終了 (e) , 反映して終了(s)
```

← 「e」を押すと、編集モードに切り替わる

7-3

星座の線を編集する

- あとがき -

　最後まで読んでくださった皆さん、お疲れ様でした！　100行以上もあるソースコードを入力するのは大変だったでしょう。

　ただし、他人のソースコードを入力しながら勉強することを「写経（お経を書き写すこと）」といって、昔からプログラミングを速く身に付ける有力な学習法といわれています。ですから大変でもがんばって入力した分だけ、皆さんの力は上がっているはずです。

　本書を参考にして作ったプログラムを他の人に見てほしい場合は、プロジェクトフォルダの中にある〈Debug〉フォルダを探し、その中の「プロジェクト名.exe」（例：chap5-1.exe）の実行ファイルをコピーしてください。このファイルと〈GConsole追加ファイル〉フォルダを他のパソコンに持っていって、「GraphicalConsole.exe」→「プロジェクト名.exe」の順にダブルクリックして起動すれば、プログラムを実行することができます。

　また、本書の使った「グラフィカルコンソール」はC言語の学習用なので、本格的なゲーム作りにはあまり向いていません。もっと本格的なゲームを作りたい人は、「DXライブラリ」を使った『14歳からはじめる C言語わくわくゲームプログラミング教室 Visual Studio 2013編』という本もあるのでぜひ挑戦してみてください。

　それではまたお会いする日まで。

リブロワークス

付録

キーボード表＆文字コード表

☆ キーボード表

　　下図は標準的なウィンドウズ搭載パソコンのキーボードです。Shift キーを押しているか押していないかによって、入力される文字が変化します。たとえば、Shift キーを押さずに上段の 2 のキーを押すと、数字の「2」が入力されますが、Shift キーと 2 キーを同時に押すと、「"（ダブルクォート）」が入力されます。

　　また、アルファベットのキーは、Shift キーを押さない場合は小文字が、押した場合大文字が入力されます。

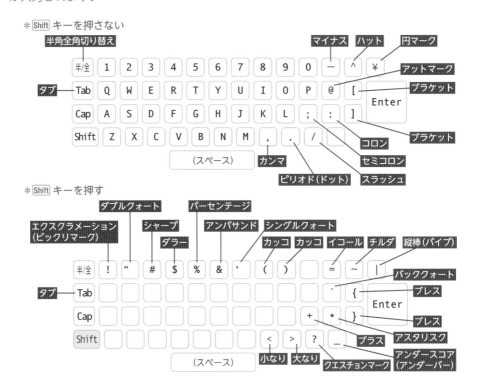

290

文字コード表

下表は、半角文字の文字コード表です。文字が割り当てられていないコードもあります。
また、ウィンドウズのテキストデータでは「13」と「10」が並ぶと改行とみなされます。

コード	文字	コード	文字	コード	文字	コード	文字	コード	文字	コード	文字
1		39		77	M	115	s	153		191	ソ
2		40	(	78	N	116	t	154		192	タ
3		41	)	79	O	117	u	155		193	チ
4		42	*	80	P	118	v	156		194	ツ
5		43	+	81	Q	119	w	157		195	テ
6		44	,	82	R	120	x	158		196	ト
7	タブ	45	-	83	S	121	y	159		197	ナ
8		46	.	84	T	122	z	160		198	ニ
9		47	/	85	U	123	{	161	。	199	ヌ
10	改行	48	0	86	V	124	¦	162	「	200	ネ
11		49	1	87	W	125	}	163	」	201	ノ
12		50	2	88	X	126	~	164	、	202	ハ
13	復帰	51	3	89	Y	127		165	・	203	ヒ
14		52	4	90	Z	128		166	ヲ	204	フ
15		53	5	91	[	129		167	ァ	205	ヘ
16		54	6	92	¥	130		168	ィ	206	ホ
17		55	7	93	]	131		169	ゥ	207	マ
18		56	8	94	^	132		170	ェ	208	ミ
19		57	9	95	_	133		171	ォ	209	ム
20		58	:	96	`	134		172	ャ	210	メ
21		59	;	97	a	135		173	ュ	211	モ
22		60	<	98	b	136		174	ョ	212	ヤ
23		61	=	99	c	137		175	ッ	213	ユ
24		62	>	100	d	138		176	ー	214	ヨ
25		63	?	101	e	139		177	ア	215	ラ
26		64	@	102	f	140		178	イ	216	リ
27		65	A	103	g	141		179	ウ	217	ル
28		66	B	104	h	142		180	エ	218	レ
29		67	C	105	I	143		181	オ	219	ロ
30		68	D	106	j	144		182	カ	220	ワ
31		69	E	107	k	145		183	キ	221	ン
32	スペース	70	F	108	l	146		184	ク	222	゛
33	!	71	G	109	m	147		185	ケ	223	゜
34	"	72	H	110	n	148		186	コ	224	
35	#	73	I	111	o	149		187	サ	225	
36	$	74	J	112	p	150		188	シ	226	
37	%	75	K	113	q	151		189	ス	227	
38	&	76	L	114	r	152		190	セ	228	

さくいん

付録 さくいん

著者プロフィール

リブロワークス

書籍の企画、編集、デザインを手がけるプロダクション。手がける書籍はスマートフォン、Webサービス、プログラミング、WebデザインなどIT系を中心に幅広い。最近手がけた書籍は『スラスラ読める Javaふりがなプログラミング』(インプレス)、『初心者からちゃんとしたプロになる JavaScript基礎入門』(エムディエヌコーポレーション)『スマホの「わからない!」をぜんぶ解決する本 最新版』(宝島社)など。

http://www.libroworks.co.jp/

イラスト	雪印(http://www.pixiv.net/member.php?id=37967)
装丁	斉藤よしのぶ
本文デザイン・DTP	風間篤士(株式会社リブロワークス・デザイン室)
企画・編集	株式会社リブロワークス

最新版
12歳からはじめる
ゼロからのC言語ゲームプログラミング教室

2020年7月27日　第1刷発行

著者	リブロワークス
発行者	黒田庸夫
発行所	株式会社ラトルズ
	〒115-0055
	東京都北区赤羽西4-52-6
	TEL 03-5901-0220
	FAX 03-5901-0221
	http://www.rutles.net/
印刷	株式会社ルナテック
製本	株式会社明光社

ISBN978-4-89977-506-5
Copyright ©2020 Libroworks
Printed in Japan